Kaninchen würden Wiese kaufen

für Nicole

Kaninchen würden Wiese kaufen

Haltung und Ernährung von Zwergkaninchen

Informationen für engagierte Halter

Impressum:

Herstellung und Verlag: Books on Demand GmbH, Norderstedt
ISBN: 9783837094749

Bibliografische Information der Deutschen Nationalbibliothek
Die Deutsche Nationalbibliothek verzeichnet diese Publikation in der Deutschen Nationalbibliografie; detaillierte bibliografische Daten sind im Internet über http://dnb.d-nb.de abrufbar.

1 Inhaltsverzeichnis

2 Vorwort

Wenn man auf der Internetseite eines bekannten Buchversandes als Suchwort in der Kategorie Bücher „Kaninchen“ eingibt, erhält man über 500 Treffer - Ratgeber, Fachbücher, Kochbücher, Jagdbücher, Romane und vieles mehr. Warum also ein weiteres Buch über Kaninchen?

Viele, die sich für unsere Tiere interessieren, stellen uns Fragen zur Haltung, Pflege und Ernährung von Zwergkaninchen. Wichtig war und ist für uns immer nicht nur die Beantwortung dieser Fragen, sondern auch Erklärungen zu dem "Warum". Damit es später noch einmal nachgelesen werden kann, war eine kleine Informationsschrift geplant, die jedoch in kurzer Zeit recht umfangreich wurde.

Vor allem die Ernährung der Kaninchen wird sehr ausführlich behandelt. Bereits für Jungtiere bildet sie die Grundlage für ein gesundes Leben mit einem starken Immunsystem. Für viele Krankheiten ist eine falsche Fütterung mitwirkende Ursache für Erkrankungen. Einige Widersprüche in weit verbreiteten Empfehlungen werden kritisch betrachtet - manche verdienen den selbst erhobenen Anspruch, Empfehlung für eine "artgerechte" Fütterung zu sein, nicht wirklich. Es soll jedoch nicht nur einfach widersprochen, sondern mit Fakten unterlegt werden, warum manches zumindest fragwürdig ist. Wir können dabei auch auf Erfahrungen mit unseren eigenen Tieren zurückgreifen, die Krankheiten wie Schnupfen oder Kokzidiose nicht kennen. Ein Leben an frischer Luft und weitgehend artgerechte Ernährung hat sie mit einem Immunsystem ausgestattet, dass jede Krankheit im Keim erstickt.

Betrachten sie unsere Hinweise und Empfehlungen nicht als Dogma oder die "einzige" Wahrheit - es wäre aber schön, wenn sie als Denkanstoß dienen. Hauskaninchen sind sicher in mancher Hinsicht mit Wildkaninchen nicht mehr vergleichbar - aber die Zeit ihrer Domestizierung ist viel zu kurz, um aus ihnen grundlegend andere Tiere als die Wildform werden zu lassen. Deshalb sollten sie immer noch Vorbild sein, vor allem in Hinblick auf Haltung und Ernährung. Beachten Sie, dass sich unsere Empfehlungen auf Zwergkaninchen beziehen. Im Internet gibt es zu diesem Buch die gleichnamige Homepage www.kaninchen-wuerden-wiese-kaufen.de mit weiteren Texten und Bildern - hier können sie uns auch ihre Meinung, Kritik oder Hinweise mitteilen, über die wir uns sehr freuen würden.

Mit vielen Haltern, die von uns Jungtiere übernommen haben, stehen wir noch immer in Kontakt und freuen uns, Informationen über die weitere Entwicklung ihrer Kaninchen zu erhalten. Ihnen allen sei dieses Buch gewidmet.

Andreas Rühle
Gernsbach, 2009

3 Einführung

In den letzten Jahren nimmt das Interesse an der Haltung von Tieren zu, die ihrem Wesen nach eigentlich schlecht geeignet sind, ähnlich wie Katzen oder Hunde zum Kuscheln auf der Couch einzuladen. Bisher eher als Nutztier gesehen und von Züchtern zur Freude gehalten, werden besonders kleine Kaninchen immer beliebter und ziehen in viele Haushalte ein. Sehr viele dieser Tiere stammen aus "Hobbyzuchten". Mancher begann mit der Vermehrung eher unfreiwillig wegen der falschen Bestimmung der Geschlechter, Unachtsamkeit bei der Haltung unkastrierter, geschlechtsreifer Tiere oder ähnlicher "Unfälle". Die Herkunft dieser Tiere ist oft unklar und somit auch ihr gesundheitlicher Zustand wie frühere Erkrankungen oder eventuell vorhandene Erbfehler. Die Nachkommen dieser Tiere werden verkauft oder verschenkt und zeugen zum Teil wieder Nachkommen. Hobbyzüchter handeln untereinander mit Tieren, die erblich belastet sind - ob aus Unwissen oder trotz des Wissens um die "Schwächen", um die Tiere nicht töten zu müssen. Auf diese Weise nehmen Krankheiten und Erbfehler ihren Weg - und zwar auf sehr schnelle Art und Weise. Das Unvermögen vieler Hobbyzüchter ebnet der Verbreitung von Erbfehlern wie Zahnanomalien oder Krankheiten wie Mukoide Enteritis und ansteckendem Schnupfen den Weg.

Neben den ansteckenden Krankheiten und Erbfehlern kommt es häufig zu vermeidbaren Problemen, die durch mehrere Faktoren ausgelöst werden. Hauptursachen sind hierbei meist Haltungsbedingungen und falsche Ernährung. Diese wiederum resultieren oft aus Unkenntnis. Kaninchen weisen einige Besonderheiten auf, die es zu beachten gilt. Ist dies der Fall, sind Haltung und Ernährung eigentlich nicht schwer.

Kaninchen leben naturgemäß in Gruppen, die sich auf Grund biologischer und soziologischer Gegebenheiten bilden. Die Gruppen bestehen aus 6 - 12 Tieren verschiedenen Geschlechts und Alters. Unter den weiblichen und männlichen Tieren gibt es getrennte Hierarchien. Diese Rangordnungen werden immer wieder gefestigt oder bilden sich mit dem Heranwachsen von Jungtieren neu. Manche Artgenossen leben am Rand einer Gruppe, andere werden aus der Gruppe vertrieben oder wandern ab. Die Gruppe bildet, wie bei anderen Tierarten auch, eine bessere Überlebensgarantie, da mehr Augen, Ohren und Nasen auch mehr wahrnehmen, als die Sinnesorgane eines einzelnen Tieres. So warnen sich die Gruppenmitglieder gegenseitig vor drohenden Gefahren.

Kaninchen siedeln dort, wo ihnen die Möglichkeit gegeben ist, Baue anzulegen und wo sie genügend Nahrung finden. Die Temperaturen in den Erdbauen, die sie bis zwischen 50 cm - 2 m tief in die Erde graben, schwankt, saisonal bedingt, zwischen 4°C - 14°C. Je nach Witterung halten sie sich hier den größten Teil des (hellen) Tages auf. Ihre Nahrung besteht zum hauptsächlich aus den blättrigen Bestandteilen verschiedener Pflanzen wie Gräsern und Kräutern sowie Wildgemüse, Laub, Rinde, Wurzeln, Kulturpflanzen und vieles mehr. Dieses frische Grün versorgt sie mit den verschiedensten Nährstoffen, die sie für Wachstum, Fortpflanzung und Überleben benötigen.

Körperbau und Sinne sind für ein Leben als Beutetier ausgelegt, dass im Untergrund den Tag verbringt und vorwiegend bei Dämmerung bzw. in der Nacht aktiv ist. Die Augen sind für einen Rundumblick und das Sehen bei Dunkelheit bestens angepasst. Kaninchen überwinden Hindernisse von einem halben Meter Höhe problemlos im Sprung und erreichen im Kurzsprint Geschwindigkeiten bis zu 40 km/h.

4 Skelett

Bild 1: Kaninchenskelett am Beispiel eines Teddyzwerges (Fotomontage, Skelettabbildung nach [*Winkelmann 2006*])

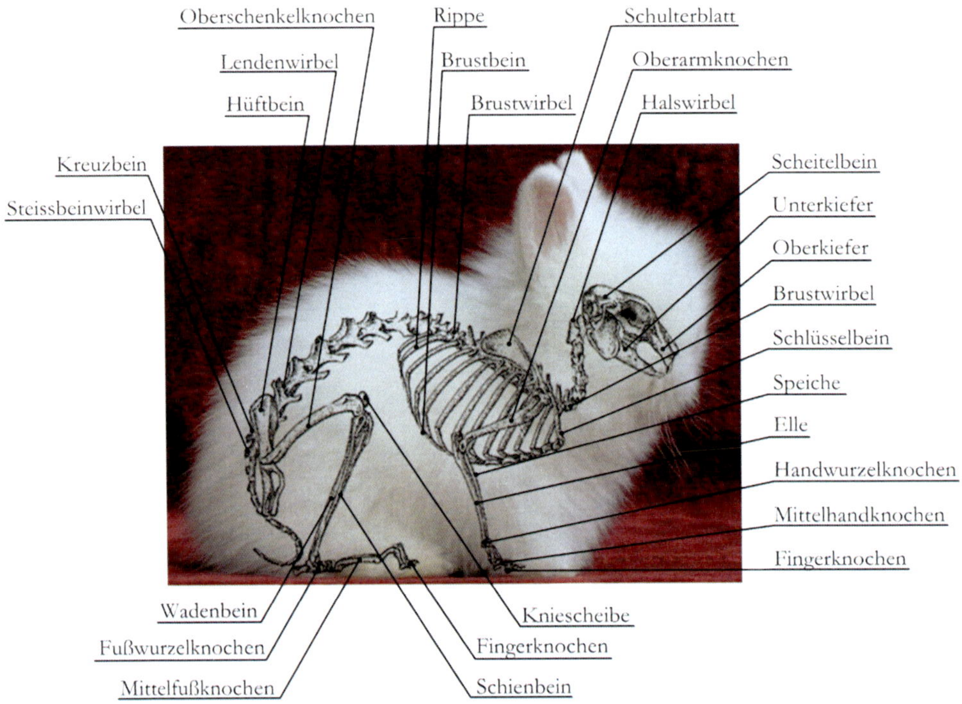

Die Wirbelsäule besteht aus insgesamt 46 - 47 Wirbeln: 7 Halswirbel, 12 Brustwirbel, 7 - 8 Lendenwirbel, 4 Kreuzwirbel, die das Kreuzbein bilden und 16 Schwanzwirbel. An den ersten beiden Halswirbeln setzen die Muskeln für die Kopfbewegungen an. Sieben der 12 Rippen verbinden sich mit dem Brustbein, die siebente bis neunte Rippe bilden den Rippenbogen, die Knorpel der zehnten bis zwölften enden frei. Der Schulterknochen besteht aus dem Schulterblatt und dem Schlüsselbein. Das Oberarmskelett wird aus dem Oberarmbein gebildet, das Unterarmskelett aus Speiche und Elle, das Handskelett aus den Knochen der Vorderfuß- bzw. Handwurzel. Der Schädel setzt sich aus 18 Knochen zusammen, die die Nasen- und Schädelhöhle umschließen.

5 Gebiss

Ein deutliches Unterscheidungsmerkmal zwischen Nagetieren und Kaninchen ist das Gebiss. Bis zu einem Alter von 3 - 5 Wochen verfügen Kaninchen über ein Milchgebiss mit 16 Zähnen. Gebisse, die aus Milchzähnen und bleibenden Zähnen bestehen, werden diphyodont genannt. Die großen Schneidezähne haben keine Milchzahnvorgänger, sondern sind bereits zur Geburt als bleibende Zähne durchgebrochen, weshalb sie auch in der Zahnformel des Milchgebisses mit großen Buchstaben angegeben werden.

Die kleinen Schneidezähne des Oberkiefers werden gewechselt. Die Molaren haben keine Milchzahnvorgänger. Das Milchgebiss verfügt in der oberen Kieferhälfte über 2 große Schneidezähne (Dens incisivus major), 2 kleine Schneidezähne (Dens incisivus minor) und 6 vordere Backenzähne (Prämolaren), in der unteren Kieferhälfte über 2 große Schneidezähne und 4 vordere Backenzähne.

Zahnformel für das Milchgebiss:

$$\frac{2I \quad 0c \quad 3p \quad 0m}{1I \quad 0c \quad 2p \quad 0m}$$

Das bleibende Gebiss der Kaninchen hat 28 Zähne (siehe Bild 2): in der oberen Kieferhälfte 2 große Schneidezähne, 2 kleine Schneidezähne, 6 vordere Backenzähne und 6 Backenzähne (Molaren) und in der unteren Kieferhälfte 2 große Schneidezähne, 4 vordere Backenzähne und 6 Backenzähne.

Zahnformel für das bleibende Gebiss:

$$\frac{2I \quad 0C \quad 3P \quad 3M}{1I \quad 0C \quad 2P \quad 3M}$$

Zum Vergleich die Zahnformel für die meisten Nagetiere:

$$\frac{1I \quad 0C \quad 0P \quad 3M}{1I \quad 0C \quad 0P \quad 3M}$$

Zahnformel für Meerschweinchenverwandte:

$$\frac{1I \quad 0C \quad 1P \quad 3M}{1I \quad 0C \quad 1P \quad 3M}$$

Die kleinen Schneidezähne (Stiftzähne) hinter den großen Schneidezähnen im Oberkiefer unterscheiden das Kaninchen vom Nagetier - diese haben nur die 2 großen Schneidezähne. Die Stiftzähne haben keine Schneidkanten, sie sind am oberen Ende abgerundet. Auf ihnen liegen bei geschlossenem Maul die Schneidezähne des Unterkiefers auf. Ein drittes Paar Schneidezähne formt sich, wird aber bereits kurz vor oder nach der Geburt verloren. [*Hutchins et al. 2003*]

Auf Grund der zusätzlichen Stiftzähne bezeichnet man Lagomorpha (Hasenartige) als Duplicidentata, während Rodentia (Nagetiere) zu den Simplicidentata gezählt werden. Kaninchen haben keine Eckzähne (Canini). Aus diesem Grund besteht zwischen den Schneidezähnen und den Backenzähnen ein großer Freiraum (Diastema) ohne Zähne.

Alle Zähne des Kaninchens sind wurzeloffen - das bedeutet, sie haben eine zum Zahnfach hin offene Zahnhöhle (Pulpahöhle). Die Schneidezähne sind von unpigmentiertem (weißem) Zahnschmelz umgeben. Die Schmelzschicht auf der äußeren Seite ist dicker als auf der inneren Mundhöhlenseite. Dadurch wird eine Seite stärker abgenutzt und es entsteht eine scharfe Schneidkante, die ein Nagen und Schneiden der Nahrung ermöglicht. Im Schmelz der oberen Schneidezähne befinden sich längs Furchen. Die Zähne wachsen ein Leben lang, und zwar pro Woche bis zu 2 mm. Sie müssen in dem Maße, wie sie wachsen, auch abgenutzt werden.

Die Schneidezähne des Unterkiefers wachsen ca. 1,1 - 1,8 mm/Woche, die des Oberkiefers ca. 1,3 - 1,7 mm/Woche. [*Kamphues 2004a*]

Bild 2: Kaninchenschädel eines erwachsenen Tieres, a) Innenseite des Oberkiefers, b) Schädelseitenansicht geschlossen (Schlussbissstellung), c) Schädelseitenansicht geöffnet

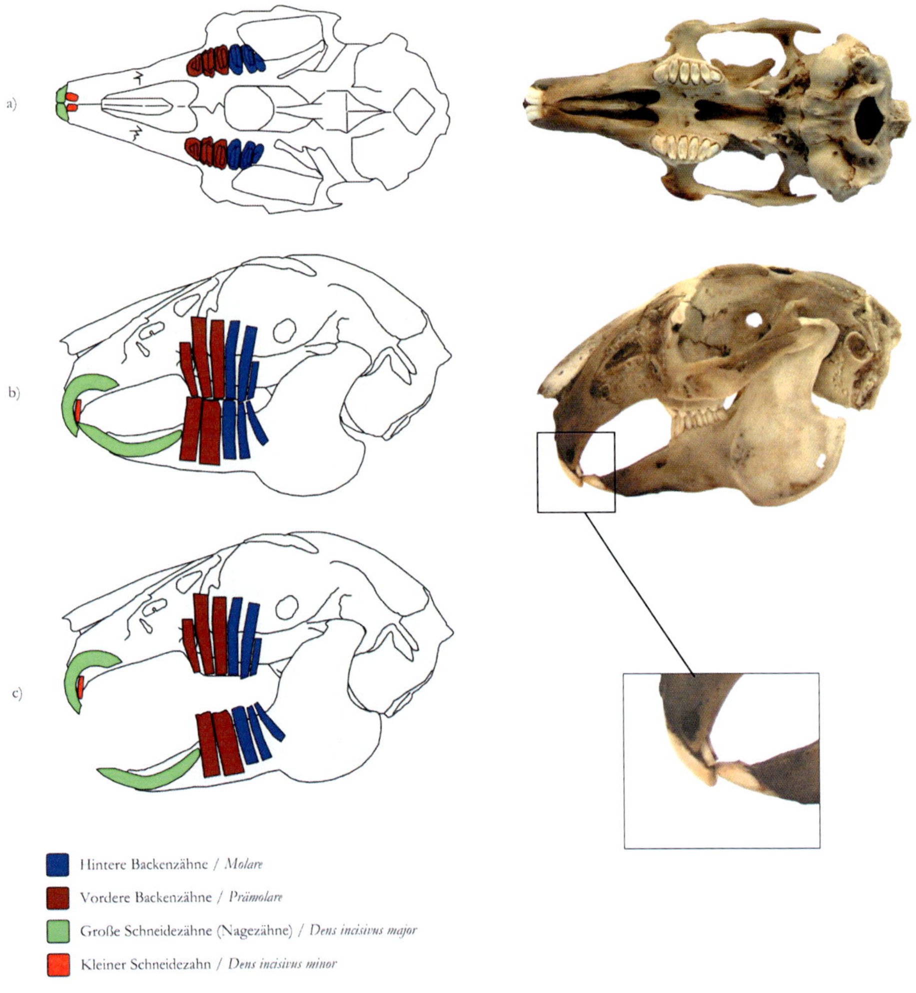

Kaninchen verfügen über ein so genanntes "Scherengebiss". Die Schneidezähne treffen normalerweise nicht aufeinander, sondern laufen aneinander vorbei. Das Zerteilen der Nahrung erfolgt durch seitliche Unterkieferrotationen, also durch schneidende Bewegungen infolge des aneinander vorbei gleitens der Schneidezähne. Danach wird die zerteilte Nahrung mit der Zunge über das Diastema (Zahnzwischenraum) zwischen die Backenzähne geschoben und dort zerrieben.

Die mahlende Reibbewegung wird durch das Schlittengelenk möglich, das Verschiebungen des Unterkiefers nach vorn und zurück zulässt. Die Zähne nutzen sich hauptsächlich an ihren jeweiligen Gegenparts im gegenüberliegenden Kiefer ab. Es ist also nicht in erster Linie die Härte des Futters für den Zahnabrieb maßgeblich, sondern die Dauer der Futteraufnahme bzw. Beschäftigung mit dem Futter. Durch die mahlende Kaubewegung der Backenzähne werden diese und die Schneidezähne abgenutzt.[*Wolf & Kamphues1996*]

Auf Grund verschiedener Ursachen kann es zu fehlendem Abrieb oder Zahnfehlstellungen kommen, die für unterschiedliche Druckverhältnisse zwischen den Zähnen im Kiefer sorgen. Das kann dazu führen, dass sich die Zähne in den Zahnfächern lockern, in die entstehenden Freiräume Keime eindringen und Infektionen verursachen. Auf diese Art entstehen Entzündungen des Kieferknochens und Abszesse. Die Abnutzung der Zähne spielt eine sehr wichtige Rolle, auf die in den Kapiteln 15, Ernährung und 27.6, Zahnkrankheiten noch einmal eingegangen wird.

6 Physiologie

Die Physiologie, in diesem Fall speziell die Tierphysiologie, befasst sich als Teilbereich der Zoologie mit der Funktionsweise des Tierorganismus. Sie ist definiert als die Lehre von den Lebensvorgängen und enthält Unterdisziplinen wie Muskel-, Neuro-, Sinnes- und Entwicklungsphysiologie. Mit verschiedenen Methoden wird versucht, die Reaktionen und Abläufe von Lebensvorgängen wie Wachstum, Entwicklung, Fortpflanzung u.a. bei Organismen beziehungsweise ihren Zellen, Geweben oder Organen aufzuklären. Das Hauskaninchen unterscheidet sich heute in vielerlei Hinsicht von der Wildform. So haben sich neben dem Äußeren und dem Gewicht einiger Rassen vor allem die Sinnesleistungen und damit verbundene Organe mittlerweile beträchtlich verändert. Diese Veränderungen sind unter anderem bedingt durch das Fehlen des Überlebenskampfes, der Bewegung sowie der nötigen Nahrungsbeschaffung. So ist das Gehirn des Hauskaninchens um ca. 22% leichter als und zudem noch wasserhaltiger als das der Wildform, das Rückenmark ist um ca. 4% leichter als beim Wildkaninchen.

Vor allem das Auge als Sinnesorgan ist mit einem Gewichtsunterschied von etwa 21% zugunsten des Wildkaninchens mit betroffen. Die Ohren sind je nach Rasse gegenüber den ca. 7cm des Wildtieres entweder sehr viel länger oder kürzer, das Hörvermögen ist insgesamt schlechter. Ebenso verschlechtert hat sich der Geschmacksinn, belegbar durch die Verringerung der Geschmacksknospen auf der Zunge. Eine weitere, deutliche Veränderung zeigt sich im Gewicht des Herzen, das beim Wildkaninchen etwa 37,5% höher ist. [*Nachtsheim 1977*] Unverändert sind hingegen der Nährstoffbedarf und die verdauungsspezifischen Vorgänge.

7 Physiologische Daten

Wildkaninchen werden durchschnittlich 25 - 50 cm lang und 1,5 - 3,0 kg schwer. Die normale Körpertemperatur liegt bei 38,5°C, die Atemfrequenz bei 32 - 60 Atemzügen pro Minute und die Pulsfrequenz zwischen 130 bis 325 Herzschlägen pro Minute. Größe und Gewicht sind abhängig von der Rasse. Die Blutmenge des Kaninchenkörpers beträgt wie bei anderen Säugern etwa 7 % des Körpergewichts. Kaninchenweibchen kennen keinen Zyklus, der Eisprung erfolgt ca. 12 Stunden nach der Paarung. Die Trächtigkeit erstreckt sich über 29 - 33 Tage, danach werden 1 bis 12 Junge zur Welt gebracht, die nach etwa 4 Wochen die Mutter verlassen. Nach unseren eigenen Erfahrungen liegt die Trächtigkeitsdauer bei 31 Tagen. Ein Vergleich der wichtigsten Unterscheidungsmerkmale von Wildkaninchen und Feldhase findet sich im Kapitel 31.2 zur Beschreibung von Gestalt und Körperbau des Wildkaninchens. In der Literatur findet man recht verschiedene Angaben zur Physiologie, einige sind in den folgenden Tabellen mit Angabe der Quelle aufgeführt.

Tabelle 1: Physiologische Daten des Kaninchens

	Wert		①	②	③	④	⑤	⑥
Blut- und Kreislaufwerte	Blutmenge	[ml/kg]		ca. 60		55 - 63		
	relatives Blutvolumen	[%]			7	7		
	Blutdruck systolisch	[mm/Hg]				110 (90 - 130)		
	Blutdruck diastolisch	[mm/Hg]				80 (60 - 91)		
	Blutgerinnung	[Sek.]				90 - 180		
	Hämatokritwert	[Vol.%]				39,6 (38,2 - 41,5)		
	Hämoglobingehalt	[%]				etwa 12 - 14		
	Erythrozytengehalt	[Mio./mm³]				5 (4 - 6)		
	Leukozytengehalt	[1000/mm³]				8 (6 - 12)		
Biologische Daten	Gewicht	[kg]		1 - 10			1 - 8	1 - 7,5
	Anteil Skelett am Körpergewicht	[%]		8				
	Atemzugvolumen	ml/kg KM					4 - 6	
	Futterverbrauch	[g/kg KM/Tag]					50 - 100	30 - 60 (AF mit 88% TS)
	Wasserverbrauch	[ml/kg KM/Tag]					50 - 125	g TS x 3 = ml
	Zähne	[n]	28	28	28	28	28	
	Lebenserwartung	[Jahre]		6 - 8 (10)			6 - 13	

① aus [Winkelmann 2006]
② aus [Ewringmann 2005]
③ aus [Grün 1997]
④ aus [Schley 1985]*
⑤ aus [Schall 2007]
⑥ aus [Schlolaut 2003]

Abkürzungen:
AF: Alleinfuttermittel
n: Anzahl
KM: Körpermasse
TS: Trockensubstanz
W: Woche

* Anmerkung des Verfassers: "Die in der Literatur mitgeteilten Werte können je nach Verfassung der Tiere und der jeweiligen Versuchsanstellung erheblich voneinander abweichen."

Tabelle 1: Physiologische Daten des Kaninchens (Fortsetzung)

	Wert		①	②	③	④	⑤	⑥
Vitalfunk-tionen	Körpertemperatur	[°C]	38,5 - 39,3 (ca. ab 3. W.)	38 - 39		39 (38,5 - 39,5)	38,5 - 40,0	
	Herzschlagfrequenz	[Schläge/min]	120 - 150	150 - 300		120 - 150	130 - 325	
	Atemfrequenz	[Züge/min]	30 - 60 (Ruhe)	30 - 60		50 - 150	35 - 100	
Zucht / Reproduktion	Tragezeit	[Tage]	etwa 31 - 32	29 - 33	31 (29 - 33)		31 (29 - 35)	31 (28 - 34)
	Wurfgröße	[n]	4 - 12 (15)	1 - 10	8 (1 - 17)	1 - 12	1 - 12	5 - 12
	Geburtsgewicht	[g]		20 - 50	45 (35 - 60) (mittlere Rasse)		30 - 80	0,8 - 1,2% der KM der Häsin
	Säugezeit	[Wochen]		4 - 6				
	Geschlechtsreife	[Monate]	etwa ab 3,75 (12. - 18. W.)	4. - 6.	4,5 (4. - 6.)		4. - 6.	3 - 4
	Zuchtreife	[Monate]					6. - 10. (männl.) 4. - 9. (weibl.)	6 - 12
	Brunstzyklus	[Tage]						15 - 17
	Durchschnittl. Trächtigkeitsrate	[%]			65			
	Zitzenzahl	[n]			8 (6 - 12)			
	Augen geöffnet	[Tag]					8. - 10.	
	Erste Futteraufnahme	[Tag]			etwa ab 18.			
	Absetzalter	[Wochen]					4. - 6.	25 - 35 Tage

① aus [Winkelmann 2006]
② aus [Ewringmann 2005]
③ aus [Grün 1997]
④ aus [Schley 1985]*
⑤ aus [Schall 2007]
⑥ aus [Schlolaut 2003]

Abkürzungen:
AF: Alleinfuttermittel
n: Anzahl
KM: Körpermasse
TS: Trockensubstanz
W: Woche

* Anmerkung des Verfassers: "Die in der Literatur mitgeteilten Werte können je nach Verfassung der Tiere und der jeweiligen Versuchsanstellung erheblich voneinander abweichen."

8 Sinne

Je nach Interpretation werden zwischen 5 - 13 Sinnen unterschieden, im allgemeinen Sprachgebrauch sind es fünf:

1. Sehen, Visuelle (optische) Orientierung
2. Hören, Auditive (akustische) Orientierung
3. Riechen, Olfaktorische Orientierung
4. Schmecken, Gustatorische Orientierung
5. Tasten, Taktile Orientierung.

Gelegentlich werden noch der Gleichgewichtssinn sowie die zeitliche und räumliche Orientierung aufgeführt.

8.1 Sehen (Visuelle Orientierung)

Die Regenbogenhaut (Iris) bildet die Pupille und reguliert den Lichteinfall (Adaptation). Ihre Pigmentierung bestimmt die Augenfarbe. Der Innenraum des Augapfels enthält den Glaskörper (Corpus vitreum) sowie die Linse (Lens) und wird in zwei Augenkammern (Camera anterior und posterior bulbi) unterteilt. Den prinzipiellen Aufbau zeigt Bild 3.

Die Augen des Kaninchens liegen seitlich (lateral) am Kopf und treten weit aus der Augenhöhle (Orbita) hervor. Dadurch verfügen die Tiere über ein sehr weites Gesichtsfeld. Jedes Auge erfasst einen Winkel von ca. 170,5° (siehe Skizze 3), es gibt praktisch keinen blinden Bereich bzw. toten Winkel. Das binokulare Sehen jedoch, d.h. Tiefenwahrnehmung und räumliches (stereoskopisches) Sehen, ist sehr eingeschränkt. Die Anordnung der Augen und die damit verbundene Sehleistung ist typisch für Fluchttiere, die ein großes Gebiet grob überschauen müssen. Bei Raubtieren sind die Augen für ein besseres räumliches Sehen vorn am Kopf und eng beieinander angeordnet. Dies ermöglicht ihnen die präzise Jagd. Da die Augen relativ weit oben am Kopf liegen, kann das Kaninchen auch den Luftraum gut erfassen, was in freier Natur die Entdeckung von geflügelten Beutegreifern erleichtert. Auf Grund des Ganges der Lichtstrahlen im Auge ist die Wahrnehmung des bewegten Netzhautbildes gesteigert, die des ruhenden Bildes aber unscharf, das heißt, auf optische Reize in der Entfernung, die mit Bewegung verbunden sind, reagiert das Kaninchen überaus empfindlich. Unbewegliche, nahe Gegenstände oder Menschen nimmt es dagegen nur wahr, wenn es durch andere, zusätzliche Reize darauf aufmerksam wird.

Bei Haustieren entspricht die Hornhautform niemals ganz der eines regulären Kugelsegmentes, weshalb die reguläre direkte Astigmie beim Kaninchen normal ist. Sie beträgt ca. 0,5 - 1,0 Dioptrien [*Wiesner et al. 2000*].

Diese Besonderheit der visuellen Wahrnehmung wird beim Menschen als Astigmatismus bezeichnet und stellt einen Abbildungsfehler bzw. eine Refraktionsanomalie dar. Das Wort bedeutet übersetzt „Punktlosigkeit" und meint, dass die von einer Lichtquelle auf eine Linse einfallenden Strahlen auf Grund der nicht rotationssymmetrischen Brechkraft von Hornhaut und Linse nicht exakt auf einen Brennpunkt gebündelt werden, sondern als Punktreihe bzw. Strich abgebildet werden. Ursachen sind eine angeborene oder erworbene asphärische Hornhaut- oder Linsenfläche. Gegenstände der Umgebung werden also unscharf abgebildet.

Die Größe der Augen geben einen Hinweis auf die Lebensweise des Kaninchens: es ist vorwiegend dämmerungs- und nachtaktiv und verbringt natürlicherweise die meiste Zeit des Tages in unterirdischen Bauen.

Bild 3: Aufbau des Auges der Säugetiere

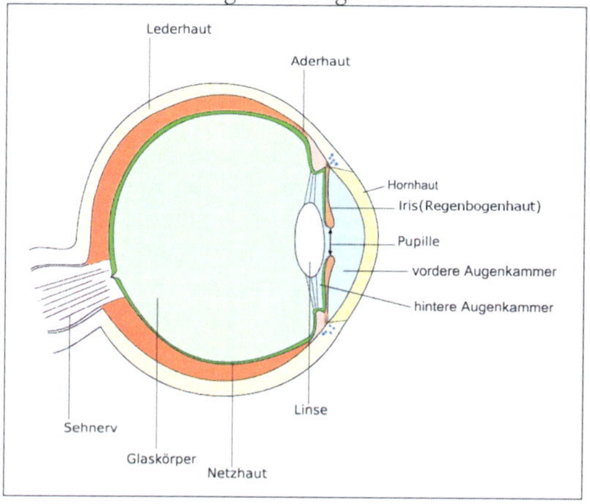

Bild 4: Auge eines Zwergkaninchens

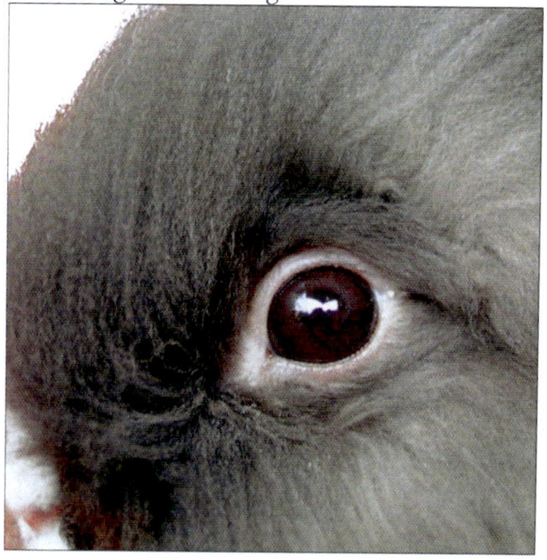

Bild 5: Horizontales Sehfeld des Kaninchens; nach [*Leicht 1979*]

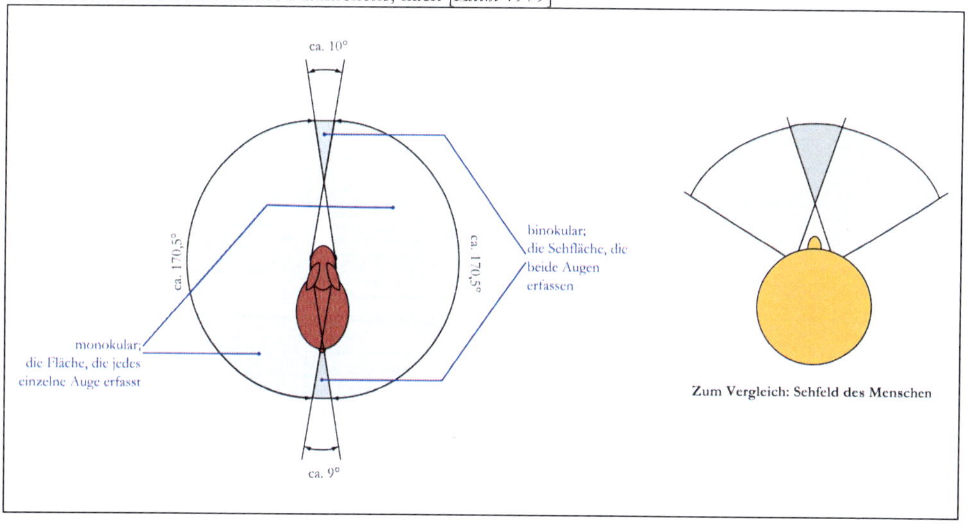

Die Anpassung an unterschiedliche Lichtverhältnisse wird normalerweise durch die reflektorische Erweiterung oder Verengung der Pupillen reguliert. Beim Kaninchen ist diese Möglichkeit sehr stark eingeschränkt. Bei grellem Licht sieht es aus diesem Grund relativ schlecht, in der Dämmerung bzw. hellen Nächten dagegen sehr gut.

Der Tränen-Nasen-Kanal, der dem Ableiten der Tränenflüssigkeit dient, hat nur eine Öffnung und befindet sich im Augenwinkel, der in der Nähe der Nase liegt. Zum Schutz des sehr weit aus der Augenhöhle herausstehenden Auges verfügt das Kaninchen zusätzlich zu den zwei Augenlidern (oben und unten) noch über ein drittes Lid: die so genannte Nickhaut. Diese ist mit der Tränendrüse verbunden und kann z.B. in Gefahrensituationen über das Auge geschoben werden. Kaninchen verfügen über blau- und grünsensitive Zäpfchen auf der Netzhaut des Auges. Dieser

Blau-Grün-Dichromatismus ist eine Anpassung an die Lichtverhältnisse in der Dämmerung und Nacht. Da Wildkaninchen vorwiegend dämmerungs- und nachtaktiv sind, ist ein gutes Farbsehen auch nicht nötig - sie nehmen dafür Grautöne besser wahr. Stäbchen und Zapfen in der Netzhaut des Auges sind Fotorezeptoren, die Lichtsignale aus der Außenwelt in Signale umwandelt, welche das Gehirn verarbeiten kann. Die Stäbchen sind hauptsächlich für das Sehen in der Dämmerung und bei Nacht wichtig, während die Zapfen (Rezeptoren) nur bei Helligkeit funktionieren und der Farbwahrnehmung dienen. Außerdem ermöglichen sie die Kontrastunterscheidung und somit räumliche Auflösung. Da den Kaninchen die rotsensitiven Zäpfchen fehlen, ist die Farbwahrnehmung also eingeschränkt und hat zur Folge, dass sie Rot schlecht bis gar nicht von Grün unterscheiden können. Beides sind für sie einfach verschiedene Grün/Gelbtöne, denn nur die grünen und blauen Zapfen werden bei Lichteinfall angeregt. Sie sind gewissermaßen "rotgrünblind", da Rot und Grün als eine Farbe wahrgenommen wird. Damit sind sie Menschen mit Protanopie vergleichbar (Rot-Grün-Blindheit, bei der aber die Zapfen für das Wahrnehmen von Rot das Iodopsin für Grün enthalten).

Der Mensch verfügt über drei Typen von Zapfen: Blau-, Grün- und Rotrezeptoren. Werden alle drei Zapfenarten gleich stark angeregt, entsteht die Wahrnehmung weiß, wird keine angeregt, schwarz. Durch die unterschiedliche Anregung der Zapfenarten entsteht somit die Wahrnehmung der verschiedenen Farben.

Manche Tiere verfügen über eine vierte Zapfenart, mit der ultraviolettes Licht wahrgenommen werden kann. Fast alle Vögel z.B. unterscheiden auf diese Art sehr schnell reife von unreifen Früchten. Andere Tiere wiederum wie z.B. Delfine oder Nachtaffen verfügen nur über einen Zapfentyp, der sie verschiedene Grautöne wahrnehmen lässt. Dafür sind aber bei ihnen die Stäbchen sehr gut entwickelt, was ihnen ein sehr gutes Sehen in der Dunkelheit ermöglicht.

8.2 Hören (Auditive Orientierung)

Am Anfang der Entwicklung der Säugetiere existierte lediglich der Gleichgewichtsapparat. Mit dem Verlassen des Wassers und dem Wechsel in die geräuschvolle Atmosphäre bestand die Notwendigkeit, diese akustischen Reize zu registrieren und zu verarbeiten. Im Verlauf der Evolution entwickelte sich das Hörorgan immer weiter und übertrifft vor allem in Hinsicht sichtbarer Teile und auch Notwendigkeit für das Überleben heute deutlich das Gleichgewichtsorgan.

Gemäß seiner Wichtigkeit für die Erhaltung des Lebens und die Fortpflanzung lässt das Hörorgan das Gleichgewichtsorgan als Anhängsel erscheinen. Unterteilt wird das Hör- und Gleichgewichtsorgan folgendermaßen [*Berg 1993*]:

1. in die schallauffangenden Teile, das äußere Ohr,
2. die schallwellentransformierenden Teile, das mittlere Ohr und
3. das eigentliche Hör- und Gleichgewichtsorgan, das innere Ohr (siehe Skizze 4).

Durch die Domestizierung sowie Züchtung verschiedener Rassen gibt es heute die verschiedensten Längen und Formen des schallauffangenden Teiles, dem äußeren Ohr, so dass das ursprüngliche, sehr gute Hörvermögen der Wildkaninchen bei einigen Rassen verloren gegangen ist. Bei "normalen" Hauskaninchen bzw. der Wildform sind die Ohren oder Löffel in ihrer äußeren Form schalltrichterförmig und bieten somit beste Vorrausetzungen für das Auffangen akustischer Reize bzw. deren Verstärkung. Die großen Ohrmuscheln können unabhängig voneinander gedreht werden.

Durch die Stellung und Beweglichkeit der Ohrmuscheln erfasst das Kaninchen ohne Kopfbewegung einen Hörraum von etwa 360°. Interessant ist die Tatsache, dass die Ohrlänge durch die Temperatur, also einem äußeren Faktor, in einem gewissen Rahmen beeinflussbar ist: Wärme fördert das Wachstum der Ohren, Kälte hemmt es. Aus diesem Grund wird die Aufzucht der Englischen Widderkaninchen mit ihren extrem langen Ohren bevorzugt in die warme Jahreszeit, die Aufzucht der Jungtiere des Hermelinkaninchens mit sehr kurzen Ohren in die kalte Jahreszeit verlegt. [*Nachtsheim 1977*] Die Ohren sind stark durchblutet und spielen eine bedeutende Rolle bei der Wärmeregulation.

Bild 6: Schematische Darstellung des Ohres nach [*Winkelmann 2006*]

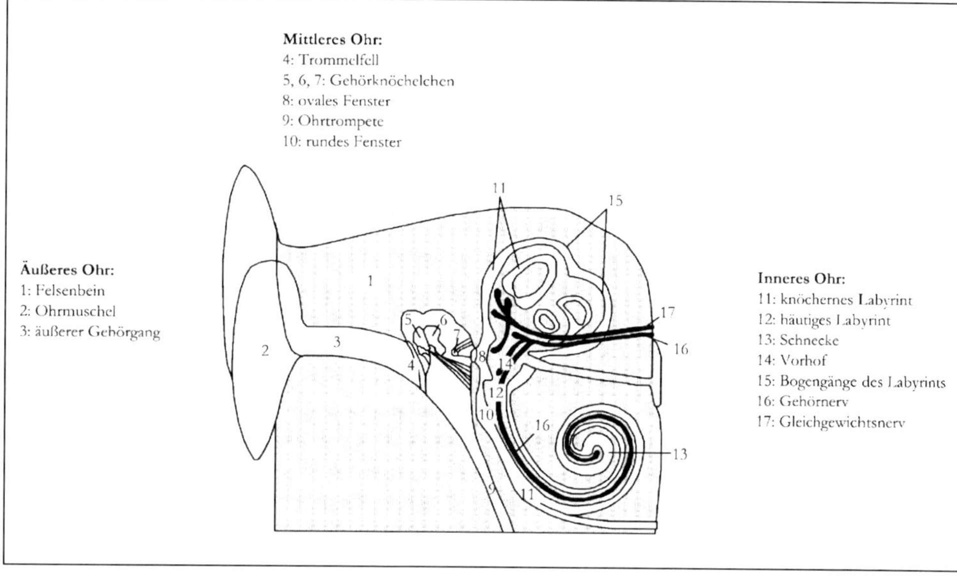

8.3 Riechen (Olfaktorische Orientierung)

Kaninchen werden wie der Hund zu den Makrosmaten gerechnet, während der Mensch als Mikrosmat gilt. Kaninchen besitzen etwa 100 Millionen Riechzellen in den beiden Nasenmuscheln [*Kaetzke et al. 2003*], dies entspricht ca. 120.000 Riechzellen pro cm^2 Riechschleimhaut [*Schley 1985*]. Der Menschen verfügt über ca. 10 - 30 Millionen Riechsinneszellen; ein Hund über ca. 250 Millionen Riechzellen, ein Aal über fast 1 Milliarde.

Die meisten Zellen des Riechhirns sind bereits bei der Geburt voll entwickelt. Wenn sie gerade zur Welt gekommen sind, werden Kaninchen von einem besonderen Duftstoff zu den Zitzen ihrer Mutter gelockt - dem Pheromon "2MB2". Obwohl sie noch so gut wie taub und blind sind, finden sie in der kurzen Zeit, die die Häsin zum Säugen an das Nest kommt (1- 2 mal am Tag für max. 2 - 5 Minuten) die Zitzen im Fell und trinken sich satt. Das Pheromon "2MB2", welches ihnen dabei hilft, ist ein Hormon und nur bei einer Art wirksam - bei Ratten und Mäusen wurde keine Wirksamkeit festgestellt. [*Schaal et al. 2003*].

Zur Prüfung von Duftstoffen in der Luft "blinzeln" Kaninchen mit der Nase, indem sie die Falten der Nasenlöcher mit einer Frequenz von 1,5-4/ Sek. rhythmisch anheben und senken [*Kaetzke et al. 2003*]. Auf Grund ihrer Fähigkeit, eine große Zahl von Gerüchen und auch Mischungen von Gerüchen zu unterscheiden, sind Kaninchen offensichtlich in der Lage, Artgenossen und Artfremde zu unterscheiden. Für die Nahrungsaufnahme scheint das Geruchsvermögen eine untergeordnete Rolle zu spielen, dafür ist es wichtig für das Sozial- und Sexualverhalten.

Über die Duftdrüsen in der Anal- und Leistenregion (Anal- und Inguinaldrüsen) werden Duftstoffe mit Signalcharakter abgegeben, die bereits erwähnten Pheromone. Diese Duftstoffe dienen der Territorialmarkierung, der gegenseitigen Erkennung sowie der Beeinflussung der sexuellen Attraktivität - ihre Sekrete werden auf dem Erdboden beim Sitzen und mit dem Kot hinterlassen.

Weiterhin verfügt das Kaninchen über Drüsen am Kinn, die sich mit beginnender Geschlechtsreife herausbilden. Ranghöhere Männchen bzw. Rammler entwickeln größere Kinndrüsen als rangniedrigere, und zwar unabhängig von Alter und Körpergewicht [*Leicht 1979*]. Das Sekret der Kinndrüse wird an markanten Plätzen wie dem Höhleneingang, Futterplätzen, Steinen, Gräsern, o. ä. abgestreift, dient also der territorialen Markierung, aber auch der Charakterisierung der Weibchen und Jungtiere.

Weiterhin verfügt das Kaninchen über der Nasenspitze über eine rudimentäre Drüse, die Hardersche Drüse (Tränendrüse), Drüsen in Unter- und Oberlippe sowie der Innenseite der Backen.

8.4 Schmecken (Gustatorische Orientierung)

Der Geschmackssinn der Kaninchen ist sehr gut entwickelt, unter anderem hilft er dem Tier beim Selektieren der Nahrung. Es ist mittlerweile unbestritten, dass Kaninchen, neben der Nahrhaftigkeit, Nahrung auch nach dem Geschmack auswählen. Sie unterscheiden zwischen süß, sauer, bitter und salzig, wobei die Toleranz für Bitteres vergleichsweise hoch ist. Dies ermöglicht unter anderem einen hohen Verzehr an z.B. Löwenzahn oder Luzernegrünmehl.

Es wird immer wieder diskutiert, ob domestizierte Kaninchen noch in der Lage sind, giftige von genießbaren Pflanzen zu unterscheiden. Aus eigener Erfahrung über sehr lange Zeit kann die Annahme bestätigt werden, allerdings unter der Voraussetzung, dass die angebotene Menge und Auswahlmöglichkeit an Grünpflanzen groß genug ist. Diese Eigenart ist auch beim Verzehr von Fertigfutter zu beobachten, dass in großer Vielfältigkeit von verschiedenen Zoomärkten angeboten wird. Es werden oft bestimmte Stückchen gewählt, während andere Bestandteile der Mischungen ignoriert werden. Dabei muss es sich nicht unbedingt um die süßen Stückchen handeln, wie oft behauptet. Weiterhin wurde in Fütterversuchen festgestellt, dass bestimmte, für den Erhalt nötige Nahrungsbestandteile, die ihnen über einen längeren Zeitraum vorenthalten wurden, nach der Bereitstellung sofort als erstes gefressen wurden. Bei den Nahrungsbestandteilen handelte es sich um Aminosäuren.

8.5 Tasten (Taktile Orientierung)

Für die taktile Orientierung stehen dem Kaninchen Tastkörperchen am Ende der Gliedmaßen sowie Tasthaare zur Verfügung.

Tasthaare:
Das Kaninchen verfügt neben den "normalen" Fellhaaren über Tasthaare im Bereich des Maules. Die Vibrissen oder Schnurrhaare, wie sie auch genannt werden, sind unter anderem beim Zurechtfinden im Bau dienlich, da die längsten Haare der breitesten Stelle des Kaninchenkörpers entsprechen. Durch die Tasthaare informiert sich das Kaninchen über die physikalische Beschaffenheit seiner nahen Umgebung insbesondere in der Dunkelheit. Gezählt wurden bei Haus- und Wildkaninchen jeweils 17 - 23 Tasthaare pro Seite, beim Wildkaninchen sind sie kräftiger. Die Länge beträgt zwischen 3 - 7 cm. Die Tasthaare unterliegen nicht dem Fellwechsel. [*Knillmann 1997*]

An den gut mit Blut versorgten Wurzeln der Tasthaare enden Tastnerven. Wird das Tasthaar bewegt, überträgt sich diese Bewegung in die mit Blut gefüllte Kapsel, in die das Tasthaar eingebettet ist und ermöglicht den Nerven, den Reiz zu empfangen und an das Hirn weiterzugeben.

Tastkörper:
Das Kaninchen weist in der Haut und besonders an den Enden der Gliedmaßen Tastkörperchen auf, die das Gefühl für ein entsprechendes Objekt vermitteln. Die Nervenendkörperchen der Haut sind nach ihren Beschreibern benannt:

- die Merkel-Tastscheiben liegen im Epithel (Deckgewebe) oder an der Haarwurzel und wirken als Drucksensoren,
- die Meißner-Tastkörperchen befinden sich beim Menschen z.B. in der Lederhaut der Fingerbeere und wirken als Berührungssensoren und
- die Vater-Pacini-Lamellenkörperchen, welche tief in der Dermis (Lederhaut unter der äußeren Epidermis) liegen und auf Druck und Vibration reagieren.

8.6 Zeitorientierung

Das Verhalten von Tieren richtet sich unter anderem auch nach einem Zeitsystem. Dazu gehören die längeren Zeitabschnitte wie Geburt, Jugend, Altern und Tod mit Rhythmen und Zyklen über Jahre wie auch die relativ kurzen zeitlichen Abschnitte wie Tage, Wochen und Monate. Neben endogenen (inneren) wie biologisch bedingten Einflüssen, z.B. Alterung, Hunger etc., spielen exogene (äußere) Einflüsse eine wichtige Rolle. Dies sind unter anderem Klimabedingungen, Temperatur und Jahreszeiten. Das Verhalten der meisten Säugetiere wie Fressverhalten und physische Aktivität werden durch den periodischen Wechsel von Tag und Nacht bestimmt, auch circadiane Rhythmen genannt. Im Unterschied zur Wildform ist das Aktivitätsmaximum der Hauskaninchen auf die Lichtstunden, also den Tag erweitert. Wildkaninchen sind vorwiegend dämmerungs- und nachtaktiv, während Hauskaninchen durch die Domestikation ihre Hauptaktivitäten zum großen Teil in die Tageszeit verlegt haben.
Hauskaninchen unterliegen heute dem Fütterungs- und Aktivitätsmaximum des Menschen und haben sich diesem angepasst, außerdem fehlt die natürliche Notwendigkeit des Schutzes vor Beutegreifern wie dem Fuchs oder Iltis. Wildkaninchen verbringen die meiste Zeit des (hellen) Tages in den Bauen, Hauskaninchen sind allein schon durch die Haltung gezwungen, auch den Tag im "Freien" zu verbringen. Fütterungszeiten tragen ihr weiteres dazu bei, den Biorhythmus auf den des Halters einzustellen.

8.7 Räumliche Orientierung

In den einzelnen Lebensabschnitten der Kaninchen gibt es verschiedene Bindungen untereinander, auch Valenzen genannt. Den ersten Abschnitt verbringen die Jungen als Nesthocker mit geschlossenen Augen und ohne Fell natürlicherweise im Bau, während z.B. Feldhasenjunge als Nestflüchter relativ "fertig" und sofort aktiv sind. Im späteren Lebensabschnitt richten sich Aggressionen der älteren, eingesessenen Tiere und der Mutter gegen die Jungtiere, die sich aus diesem Grund in der Natur ein neues Revier suchen und so zur Verbreitung der Art beitragen. Den Jungtieren fällt der Ortswechsel leichter als den Älteren, die in der Gemeinschaft verwurzelt sind.

Kaninchengruppen leben in Revieren mit einer Fläche von ca. 20 ha. Dies entspricht einem Rechteck mit den Seitenlängen von ca. 400 x 500 m Länge oder einem Kreis mit einem Durchmesser von ca. 500 m. In diesem Revier nutzen die Tiere feste Laufwege, auch Wechsel genannt. Wer seine Tiere in einem größeren Freigehege hält, kann sehr gut beobachten, wie sie die verschiedenen Sinne nutzen um zu fressen, sich in diesem Revier zu bewegen und dabei Augen, Nase und Ohren einsetzen.

9 Krallen

Bild 7: Kralle des Kaninchen

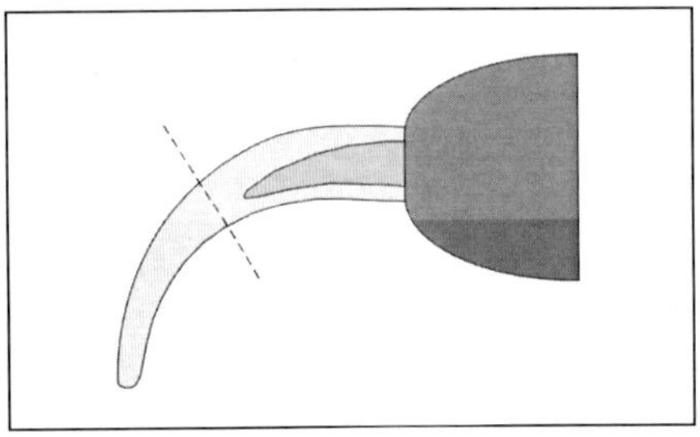

An den Vorderpfoten verfügt das Kaninchen über jeweils fünf, an den Hinterpfoten über 4 Krallen. Diese nutzen sich im natürlichen Gelände beim Laufen und Graben ab. Hauskaninchen bewegen sich dagegen oft auf weichen und glatten Untergründen wie Teppichen, Laminat, Parkett oder Fliesen. Dadurch ist eine normale Abnutzung nicht mehr gewährleistet, so dass die Krallen in regelmäßigen Abständen geschnitten werden müssen. Dies geschieht üblicherweise mit einer Krallenschere, die in entsprechenden Fachgeschäften gekauft werden kann. Beim Schneiden ist darauf zu achten, nicht in den Bereich zu kommen, der mit lebendem Gewebe gefüllt ist (dem sog. "Leben"), dies wäre für das Tier mit Schmerzen verbunden. Am besten schneidet man die Krallen in mehreren, kleinen Schritten vom äußeren Ende her. Wer sich nicht sicher ist, sollte den Tierarzt damit beauftragen. Die gestrichelte Linie in Bild 7 bezeichnet die Stelle, an der die Kralle gekürzt werden sollte.

10 Fell

Im Laufe der Domestizierung und Zucht von Kaninchen entstand eine große Palette an Fellformen und -farben. Die Fellhaare unterscheidet man im Wesentlichen in

- Flaumhaare (Unterwolle), die in dichter Anordnung zwischen den stärkeren anderen Haaren stehen.
- Grannenhaare, die etwas kürzer als die Leithaare und zwischen Spitze und Mitte verdickt sind,
- Leithaare, die über die übrigen Haare hervorragen und am stärksten sind
- Tasthaare

Der Fellwechsel ist von verschiedenen Faktoren abhängig. Die wichtigsten sind Jahreszeit (Klima) und Temperatur. Normalerweise ist das neue Haar bereits vorhanden, bevor ein altes abgestoßen wird, so dass keine Kahlstellen entstehen. Ist dies dennoch der Fall, kann eine Erkrankung wie z.B. der Befall mit Milben vorliegen und sollte ärztlich untersucht werden.

Der Fellwechsel erfolgt zweimal im Jahr, wechselnde Temperaturen über einen größeren Zeitraum können den Haarwechsel deutlich verlängern und diesen über Monate hinziehen. Der Wechsel der Jugendhaare erfolgt etwa in der siebenten Woche. Bis dahin ähneln die Haare dem Wollhaar adulter Tiere.

Bild 8: Aufbau des Haares

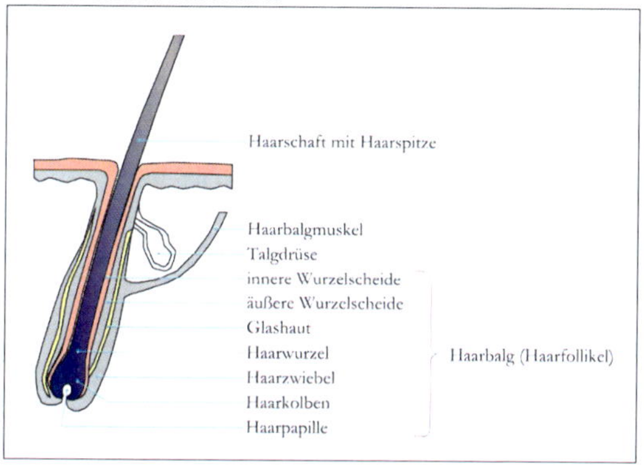

11 Temperaturregulierung

Kaninchen besitzen so gut wie keine Schweißdrüsen, deshalb erfolgt die Wärmeregulierung zum größten Teil über die Atmung und den Ohren. Ihre "Wohlfühltemperatur" liegt zwischen 15 - 17°C, bei einer Umgebungstemperatur von 20 - 25°C erhöht sich die Atemfrequenz, ab 30°C beginnen sie zu hecheln. Durch die Verdunstung des Wassers von den Schleimhäuten des Atemtraktes werden diese und das in ihnen enthaltene venöse Blut gekühlt. Da die venösen Blutgefäße in unmittelbarer Nachbarschaft zu arteriellen Gefäßen an der Gehirnbasis liegen, kommt es zwischen diesen zum Wärmeaustausch und somit zum Schutz des zentralen Nervensystems vor Überwärmung.

Ab einer Körpertemperatur von 41,5°C fällt die Atemfrequenz, dafür erhöht sich aber die Atemtiefe - die Tiere atmen verstärkt bis hin zum krampfhaften Atmen.[*Nichelmann & Lyhs 1976*] Im Sommer ist deshalb auf eine gute Belüftung der Umgebung der Tiere zu achten, allerdings ohne Zugluft entstehen zu lassen. Bei Körpertemperaturen ab 39°C sollte unbedingt der Tierarzt aufgesucht werden.

Die "kritische Temperatur" ist die Temperatur, bei der der Energieumsatz (Stoffwechsel) am niedrigsten ist. Sie sollte also möglichst nicht überschritten werden bzw. es muss für entsprechende Kühlung gesorgt werden. Dies kann z.B. durch feuchte Tücher, die vor die Stalltür gehängt werden, erfolgen. Fliesen wirken als kühlende Unterlage, auf die sich die Tiere gern legen. Auf keinen Fall sollten Ventilatoren auf die sie gerichtet werden.

Bewährt haben sich auch in Tücher gewickelte Kühlakkus oder mit Wasser gefüllte Flaschen, an denen sich die Tiere Kühlung verschaffen können. Stein- oder Gehwegplatten bieten ebenso kühlende Wirkung wie z.B. Fliesen.

Tabelle 1: Kritische Temperaturen verschieden alter Kaninchen [*Nichelmann et al. 1974*]

Alter [Tage]	Kritische Temperatur [°C]
10	35
17	30
42	30
80	25
300	25

Ventilatoren dürfen nicht direkt auf die Tiere gerichtet werden, da sonst Augenentzündungen oder Schnupfen drohen - ebenso durch Zugluft. Direkte Sonneneinstrahlung ohne Rückzugsmöglichkeit in schattige Bereiche sollte unbedingt vermieden werden, einerseits mögen die Tiere das grelle Licht nicht, andererseits droht Hitzschlag.

Sind die Außentemperaturen sehr niedrig, nehmen sie aber schon einmal gern ein Sonnenbad, vor allem am frühen Morgen oder in der abendlichen Dämmerung. Auf niedrige Temperaturen bis ca. -20°C reagiert das Kaninchen recht unempfindlich, wenn es rechtzeitig vor dem Winter an die Außentemperaturen gewöhnt wurde. Wenn sie in Außenhaltung überwintern sollen, ist spätestens im Oktober die Möglichkeit, sie im Außenbereich anzusiedeln. So bleibt genügend Zeit, dass sich ein ausreichend dichtes Fell bildet.

12 Sozialverhalten

Immer wieder wird in Verbindung mit Kaninchen für soziale Verbände fälschlicherweise der Begriff "Rudel" benutzt. Die Herkunft dieses Begriffes ist nicht eindeutig geklärt, er wird aber seit jeher der Jägersprache zugeordnet und bezeichnet eine Herde von Hirschen, Gämsen, Rehen oder Wölfen. Kaninchen jedoch sind Gruppentiere. Ist die Populationsdichte von Wildkaninchen sehr hoch, entstehen aus mehren Gruppen Kolonien. Innerhalb der Gruppen bestehen feste Rangordnungen, die auch für das Überleben des Einzelnen wichtig sind. Bei Gefahr warnen sich Gruppenmitglieder untereinander durch ein kurzes, festes Aufstampfen der Hinterpfoten auf den Boden ("Klopfen"). Eine Gruppe besteht aus ca. 6 - 12 Wildkaninchen, wobei die Geschlechterverteilung etwa ausgeglichen ist. Innerhalb der Gruppen existieren jeweils für Männchen und Weibchen getrennte, lineare Rangordnungen. Werden Jungtiere geschlechtsreif, ordnen sie sich in die bestehende Hierarchie ein oder werden vertrieben, und zwar vorrangig von den Weibchen. Das Territorium einer jeweiligen Gruppe wird besonders in der Fortpflanzungszeit von den Rammlern aggressiv gegen Eindringlinge verteidigt. Dringen Feldhasen in ein Revier von Wildkaninchen ein, werden auch diese erbarmungslos vertrieben. Laut verschiedener Quellen töten Wildkaninchen diese sogar durch Kehlbiss.

Rammler verteidigen die Jungen ihres Wurfes gegen andere Kaninchen, unter anderem auch gegen das Muttertier, wenn es wieder trächtig ist und beginnt, die Jungen zu vertreiben. Unsere eigenen Erfahrungen zeigen, dass Rammler gegenüber Jungtieren sehr freundlich sind - sowohl den eigenen als auch fremden. Sie nehmen auch Junge, die ihnen gern und neugierig folgen, auf Streifzüge durch das Revier mit. Dabei erdulden sie auch übermütiges Spielen, wie sie es sich von einem erwachsenen Tier nie bieten lassen würde. Möchte man in der Heimtierhaltung Kaninchen zusammenhalten, sollte man einige Dinge wissen und beachten. Kaninchen zeigen ein ausgeprägtes Territorialverhalten. Die soziale Lebensweise der Wildkaninchen wird oft als Argumentationsmittel für das unbedingte, nötige Zusammenleben von Kaninchen in der Heimtierhaltung angeführt. Dabei sollte folgendes bedacht werden: Wildkaninchen leben nicht zusammen, um zu "kuscheln", sondern bilden mehr oder weniger eine Zweckgemeinschaft. Gruppen bilden sich als eine Art Überlebensstrategie - dazu gehört das, bereits von Darwin festgestellte, Gesetz der Natur, dass der am besten Angepasste überlebt. Starke, gesunde Tiere zeugen Nachkommen, schwächere Tiere ordnen sich unter und werden bestenfalls akzeptiert - oder vertrieben und gründen entweder neue Gemeinschaften oder gehen unter. Diesem natürlichen Fakt sollte Rechnung getragen werden.

Nicht jedes Tier verträgt sich mit jedem Artgenossen.

Empfehlungen von Zusammenführungen bzw. Vergesellschaftungen von Kaninchen in engen Behältnissen wie Transportboxen erfüllen aus unserer Sicht den Tatbestand der Tierquälerei. Rammler sollten mit beginnender Geschlechtsreife, also ab ca. der 12. Woche getrennt werden. Eine Frühkastration ist ab der 6. - 8. Woche möglich, wird jedoch nicht unbedingt von jedem Tierarzt durchgeführt und ist umstritten. Eine Kastration beeinflusst unter anderem das Immunsystem negativ und bestimmte, verhaltenstypische Eigenschaften werden nicht ausgebildet. Kastrierte Tiere stehen in der Hierarchie einer Gruppe immer ganz unten.

Unter ausgewachsenen, unkastrierten Rammlern können erbitterte Kämpfe stattfinden, die bis "aufs Blut" ausgefochten werden. Grundsätzlich können zu weiblichen Tieren auch kastrierte Rammler gesetzt werden, während eine Zusammenführung adulter (erwachsener), weiblicher Tiere mit Problemen verbunden sein kann. Die Vergesellschaftung sich fremder Tiere sollte möglichst auf einer größeren Fläche, die für alle beteiligten Tiere fremd bzw. neutral ist, stattfinden. Somit ist eine mögliche Revierverteidigung ausgeschlossen. Rückzugsmöglichkeiten und viel Platz erleichtern unterlegenen Tieren den Schutz vor ranghöheren Gruppenmitgliedern.

Bild 9: Ducken als unterwürfige Verhaltensweise

Bild 10: Gruppen-"Dynamik"...

Eine angestrebte Zusammenführung sollte nur unterbrochen werden, wenn ein Tier augenscheinlich derartig von Artgenossen malträtiert wird, dass körperliche Schäden nicht mehr ausgeschlossen werden können. Eine weitere Möglichkeit der Zusammenführung besteht darin, die Häsin in den Stall zu dem Rammler zu setzen, und zwar in dieser Reihenfolge. Häsinnen verteidigen ihr Revier sehr aggressiv. Wird sie in einen Rammlerstall gesetzt, sind die Erfolgschancen für die Vergesellschaftung deutlich größer. Ideal ist eine Haltung, die den Tieren genügend Platz für Flucht und Rückzug für individuellen Spielraum lässt, den sie durchaus genauso benötigen wie Gesellschaft.

Eine Zusammenführung sollte nicht um den Preis der Gesundheit der Tiere stattfinden - wenn sich Kaninchen partout nicht miteinander vertragen, müssen andere Partner für sie gefunden werden bzw. ist eine getrennte Haltung der Artgenossen der letzte Weg. Der Mensch kann auf gewisse Weise das Sozialverhalten von Tieren oder einer Gruppe von Tieren beeinflussen. Dafür sind vor allem sehr viel Geduld und eine gute Beobachtungsgabe für das Verhalten nötig. Grundsätzlich sollte man sich den Tieren auf "gleicher Höhe" nähern - Löwenzahnblätter oder etwas Gras lässt sie schnell näher kommen. Keine hastigen Bewegungen, mit ruhiger Stimme sprechen, nahrhafte "Leckerlis" und Geduld sind Voraussetzung dafür, dass die eigentlich sehr neugierigen Tiere Vertrauen fassen.

Bild 11: vorsichtige Annäherung

Bild 12: "Besprechung"...

Bild 13: Unkastrierter Rammler mit seinen Jungtieren

Als typische Beute- und Fluchttiere reagieren sie auf schnelle Bewegungen und plötzliche, ungewohnte und laute Geräusche - vor allem auf den Boden fallende Gegenstände lösen den Fluchtinstinkt oder zumindest verstärkte Aufmerksamkeit nach der Quelle des Geräusches aus. Besteht in einer Gruppe eine feste Rangordnung, sollte die auch vom Halter akzeptiert, respektiert und durch sein Verhalten gestärkt werden. Das heißt, das ranghöchste Tier wird zuerst begrüßt, bekommt zuerst Futter oder geht nach dem Freilauf als letztes Tier in den Stall. In der Regel ist das der Rammler, gefolgt von der ranghöchsten Häsin. Bei Streitigkeiten in der Gruppe sollte der Mensch nicht eingreifen. Erst wenn gesundheitliche Schäden für ein unterlegenes Tier oder dauerhafter Stress durch die Anwesenheit eines bestimmten Tieres abzusehen sind, muss gehandelt werden.

Bild 14: Gespannte Aufmerksamkeit bei den Jungtieren - der dunkle, ältere Rammler wirkt relativ gelassen, denn er kennt Territorium und eventuelle Gefahren

Bild 15: Jung und alt am "Futtertrog"...

Wird ein fremdes Tier neu in eine Gruppe eingesetzt und von dieser partout nicht akzeptiert, muss es wieder aus der Gruppe entfernt werden, da sonst das Gefüge der Gemeinschaft auf dem Spiel steht, was eine enorme Belastung für alle Tiere darstellt. In freier Wildbahn würden solche Tiere normalerweise von der Gruppe abwandern - in Gefangenschaft muss dies der Mensch, wie auch immer, klären. Entgegen mancher Meinung werden junge Tiere von älteren oft problemlos "angenommen", vor allem von Rammlern. Bei der Zusammenführung von Weibchen, egal welchen Alters, ist jedoch Vorsicht geboten.

Kaninchen gewöhnen sich sehr schnell an bestimmte feste Abläufe. Wenn z.B. regelmäßig gegen 18:00 Uhr der Versorger mit den Körben voller frischen Grün kommt, finden sich sehr schnell alle Tiere ein, um gemeinschaftlich zu fressen. Streit ist normalerweise beim Fressen kaum zu beobachten - am "Futtertrog" sind alle Tiere gleich.

13 Geburt & Aufzucht

Rammler werden ab ca. vier Monaten, Weibchen ab etwa 3 Monaten geschlechtsreif. Der Paarungsakt selbst dauert nur wenige Sekunden, dem aber ein aufwendiges Werben des Rammlers um die Häsin vorausgeht. Ist der Begattungsakt erfolgreich vollbracht, fällt der Rammler mit einem kurzen, deutlich vernehmbaren Brummlaut regungslos vom Weibchen ab.

Der Eisprung erfolgt bei der Häsin ca. 12 Stunden später. Die Tragzeit beträgt nach unserer Erfahrung 31 Tage, in der Literatur wird sie mit einer Spanne von 29 - 35 Tagen angegeben. Der Nestbau kann ca. 14 Tage vor der Geburt der Jungtiere erfolgen und kurz vor der Geburt vollendet oder am Tag der Geburt begonnen und vollbracht werden. Dazu trägt die Häsin Nistmaterial aus Heu, Gras und Stroh (je nachdem, was zur Verfügung steht) zusammen und rupft sich kurze Zeit vor dem Werfen Bauchfell, mit dem das Nest ausgepolstert wird. Hormonell bedingt sitzt das Bauchfell zu dieser Zeit locker.

Baut die Häsin nach ca. 14 Tagen ein Nest und rupft sich Fell, liegt eine Scheinträchtigkeit vor. Allerdings ist die Menge Bauchfell, die für das Nest vom Bauch gerupft wird, nicht so groß wie bei einer echten Trächtigkeit. Nach der Geburt werden von der Häsin die Nachgeburten gefressen.

Die Jungtiere werden ohne Fell, taub und mit geschlossenen Augen geboren. In der Regel wird das Nest durch die Häsin mit Fell und Nestmaterial zugedeckt. Jungtiere, die aus verschiedenen Gründen nicht im Nest oder am Nestrand, sondern relativ weit abseits der Nestgrube geboren werden, finden nicht allein dorthin und erfrieren, wenn der Halter dies nicht rechtzeitig bemerkt. Nach der Geburt krabbeln die Jungtiere zum Nestboden und werden anschließend von der Häsin mit Nistmaterial und gerupftem Bauchfell zugedeckt. Manchmal werden die Jungtiere direkt nach der Geburt gesäugt, andere erst 24 Stunden später. Eine Brutpflege wie bei anderen Säugetieren gibt es bei Kaninchen normalerweise nicht. Die erste Milchgabe, auch Kolostral- oder Biestmilch genannt, ist eminent wichtig für die Jungtiere - sie enthält in einer hohen Konzentration die Abwehrstoffe, über die sie nach der Geburt noch nicht verfügen. Sie werden Immunglobuline genannt und sind Eiweißstoffe, die der Körper zur Abwehr fremder Substanzen bildet. An einem Ende verbinden sie sich mit dem zu bekämpfenden Fremdkörper, am anderen Ende mit körpereigenen Zellen, die in der Folge den Fremdkörper unschädlich machen und so den Organismus vor Infektionen schützen. Die Milchleistung (nicht Menge) einer 4 kg schweren Neuseeländer-Häsin mit 8 Jungtieren kann mit der einer Milchkuh verglichen werden. [*Kleine Klausing 2008*]

Da die tägliche Nestkontrolle wichtig ist, sollte durch geeignete Maßnahmen wie Weglocken der Häsin mit bevorzugtem Futter oder einer Sperre zwischen Häsin und Nest der Zugang ermöglicht werden. Die Nestkontrolle ist ruhig und zügig mit gesäuberten Händen zu vollziehen. Mit Milch gefüllte Bäuche sind recht gut zu erkennen. Ist die Haut der Tiere faltig und grau, ist das ein sicheres Zeichen dafür, dass sie keine Milch bekommen. Da die Jungtiere keinen festen Platz beim Säugen haben, kann es sein, dass sie auf Grund der langen Phasen zwischen den Saugakten nur unzureichend versorgt werden.

Dadurch kann die hohe Sterblichkeit von 48% der Jungtiere in der ersten Lebenswoche erklärt werden, die nicht durch infektiöse Krankheiten verursacht wird. [*Fekete 1993*] Bei der ersten Nestkontrolle muss sichergestellt werden, dass nicht gefressene Nachgeburten oder tote Jungtiere entfernt werden. In der Regel werden die Jungtiere 1 - 3mal am Tag gesäugt, meist in den frühen Morgen- oder späten Abendstunden. Aus unserer Erfahrung gibt es auch Fälle, in denen Häsinnen mehrmals das Nest aufsuchen. Oft wird dieses auch verteidigt, von der einen durch ein "freundliches" Auffordern zum Fernbleiben durch Zupfen, Stupsen oder Blockieren des Nestes, andere sind im Schutzverhalten etwas energischer.

Bild 16: Häsin mit Nestmaterial

Bild 17: Nest

Bild 18: Jungtiere verlassen das erste Mal ihr Nest

Der Kontakt mit den Jungen bewirkt bei der Häsin kein Verstoßen der Jungtiere. Normalerweise verlassen diese das Nest nicht vor der dritten Woche - wenn dies der Fall ist, kann eine Unterversorgung vorliegen. Diese kann sich auch durch Laute der Jungen äußern, die sie nur ausstoßen, wenn die Häsin das Nest zum Säugen aufsucht. Die Jungtiere orientieren sich dabei durch Pheromone, um die Zitzen der Häsin zu finden, wie bereits in Kapitel 8.3 beschrieben. Sind die Jungtiere gesund und werden regelmäßig gesäugt, sollten sie in den ersten 5 -7 Tagen ihr Geburtsgewicht mindestens verdoppeln. Ab dem 10. Tag öffnen sie ihre Augen und das Fell ist bereits etwas gewachsen. Sofern sie die Möglichkeit haben, beginnen sie ab der 3. Woche, etwa mit dem 17. Tag, festes Futter aufzunehmen. Bis zum 24. Lebenstag ist die Amylase der Bauchspeicheldrüse aber soweit aktiv, dass die Stärke im Futter verdaut werden kann.

Ab dem 24. Lebenstag ist die Darmflora des Jungtieres ausgebildet und die Caecotrophie (Blinddarmkotaufnahme und -verwertung) findet regelmäßig statt. Die Nahrung sollte in dieser Zeit nicht zu proteinhaltig sein, da die entsprechenden Verdauungsenzyme für die Spaltung des Eiweißes erst in der 5 - 6 Woche ihre volle Aktivität entfalten. Bis etwa zur 4. Woche sind die Jungen gegen Krankheiten durch Abwehrstoffe geschützt, die sie über die Milch der Häsin erhalten. Danach nimmt dieser Schutz ab und sie müssen eigene Antikörper zum Aufbau des Immunsystems bilden. In dieser Zeit (etwa zwischen der 6. und 10. Woche) sind sie durch Krankheitskeime gefährdet, die unter anderem über den Kot der Mutter ausgeschieden werden.

Nach 28 Tagen sind die Jungtiere in ihrer Entwicklung soweit, ohne Mutter zu leben. Da Tiere eines Wurfes nie gleich entwickelt sind, sollte jedoch ein Absetzen nicht vor der 5. - 6. Woche erfolgen. Eine Verlängerung der Säugezeit bedeutet eine Erhöhung des Risikos, dass sich die Jungtiere mit Krankheitsträgern der Mutter infizieren und für die Häsin die Gefahr einer Gesäugeentzündung. Außerdem wird der körperliche Stress für sie immer größer, da das Säugen eine enorme Leistung für den Körper mit dem entsprechenden Verlust von Substanz bedeutet. Deshalb sollte die Häsin in der Säugezeit sehr energiereich gefüttert werden. Erfolgt die Fütterung der Häsin mit Trockenfutter-Pellets, sind diese so zu platzieren, dass die Jungtiere sie nicht erreichen können. Empfehlenswert ist ein hochenergetisches Struktur-Trockenfutter, das die Gefahr von Darmproblemen bei den Jungtieren verringert, falls sie doch einmal davon fressen sollten.

Ab der dritten Woche sinkt die Milchleistung der Häsin stetig, so dass die Jungen mit der Aufnahme fester Nahrung beginnen. Die Aufnahme festen Futters durch die Jungtiere beginnt bereits im Nest mit vorhandenem Nistmaterial wie Heu und Stroh.

Diagramm 1: Milchleistung der Häsin, nach [*Schley 1985*]

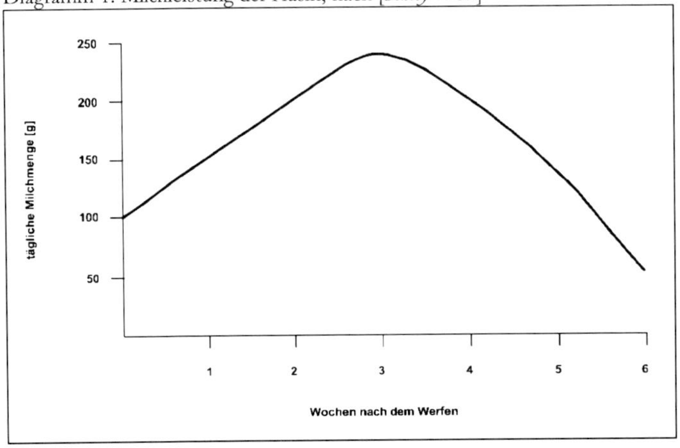

Steht nach dem Verlassen des Nestes frisches Grün zur Verfügung, wird auch dieses gefressen und ermöglicht so einen problemlosen Übergang in der Fütterung mit Gras und Kräutern. Begonnen wird bei entsprechender Auswahl mit zarten Blättern von Gräsern, erst später erfolgt die Aufnahme auch fester Blätter von Kräutern. Aus unserer Erfahrung hat auch die Vorlage von proteinreichen Pflanzen wie Klee nie Probleme bereitet, wenn dieser im Gemisch mit anderen Gräsern oder Kräutern angeboten wird. Weiterhin hat sich gezeigt, dass bei einer Aufzucht der Jungtiere unter möglichst natürlichen Bedingungen diese gesund und vital heranwachsen lässt. Das heißt: Heu, Stroh, frisches Grün zur freien Verfügung und kein industrielles Fertigfutter. Viel Bewegung an der frischen Luft mit freiem Auslauf und entsprechenden Auswahlmöglichkeiten an natürlicher Nahrung lässt sie instinktiv die Pflanzen wählen, die sie mögen, die ihnen bekommen und ihr Immunsystem stärken, ohne das sie von Durchfällen geplagt werden. Selbst vor dem immer wieder gewarnten Verzehr von Leguminosen wie Klee oder Wicke muss man keine Angst haben, da sie selbst entscheiden können, wann und wie viel davon gefressen wird - wenn man sie lässt. Erfahrungsgemäß fressen sie nach dem Verlassen des Nestes geringe Mengen frisches Grün. Im Verlauf von 1 - 2 Wochen steigert sich die Menge, bis sie fast ausschließlich artgerechte, natürliche Nahrung aufnehmen.

Bild 19: Jungtiere in der 3. Woche bei der Nahrungsaufnahme

Bild 20: Bei entsprechender Gewöhnung lernen Kaninchen früh, was gut für sie ist

Bild 21: Am abgefressenen Gras ist deutlich erkennbar, was besonders gut schmeckt - die Blattspitzen

Die folgenden Bilder zeigen die Entwicklung eines Wurfes von Zwergkaninchen.

Bild 22: Jungtiere, 1 Tag alt

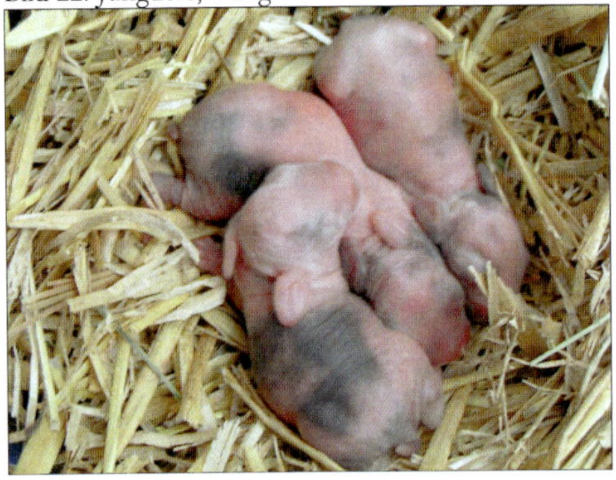

Bild 23: Jungtiere, 3 Tage alt

Bild 24: Jungtiere, 5 Tage alt

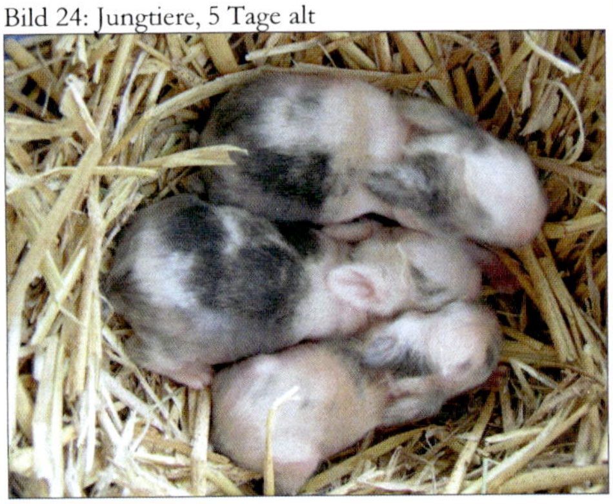

Bild 25: Jungtiere, 7 Tage alt

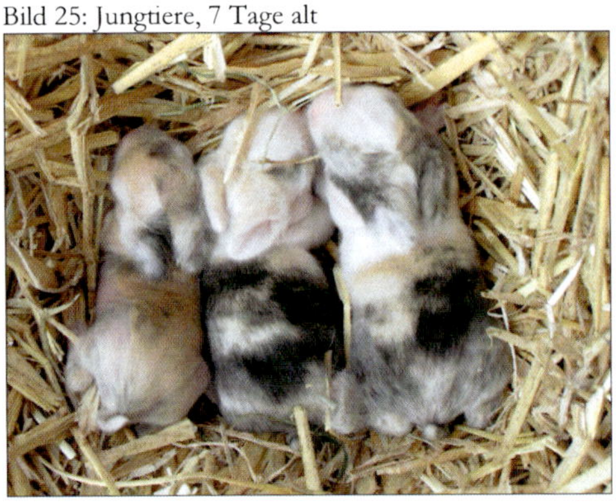

Bild 26: Jungtiere, 14 Tage alt

Bild 27: Bereit für das Leben

14 Verdauung

Kaninchen verfügen über einen einhöhligen Magen, Wiederkäuer über einen mehrhöhligen. Trotz dieses Unterschiedes besteht zwischen beiden Arten im Bezug auf die Verdauung eine gewisse Ähnlichkeit. Beide nutzen einen Teil des Verdauungstraktes als Fermentationsraum für das Aufschließen von Zellulose mit Hilfe von Bakterien. Dieser Vorgang ist beim Kaninchen jedoch nicht so effektiv wie bei Wiederkäuern. Der Magen der Kaninchen ist, bis auf den Magenausgang, nur schwach bemuskelt. Das ist der Grund, warum sie nicht erbrechen können und der Weitertransport von Nahrung vom Magen in den Darm vorrangig durch den Nachschub neuer Nahrung erfolgt. Beim Menschen sorgt die so genannte Peristaltik für die Durchmischung und den Weitertransport des Nahrungsbreis, beim Kaninchen ist diese kaum ausgeprägt. Die Verdauung beginnt im Maul und wird im Magen fortgesetzt.

Bei einem Fassungsvermögen von ca. 90 - 100 g verbleibt die Nahrung für 3 - 6 Stunden im Magen. [*Lebas 1997*] Am Magenausgang befinden sich kräftige Muskeln, die dort für eine Durchmischung des Nahrungsbreies und auch unterstützend für dessen Überführung in den Darm sorgen. Wird der Nachschub von Nahrung unterbrochen, verbleibt der Nahrungsbrei (Chymus) zu lang im Magen, was dort zu Fehlgärungen führen kann. Aus diesem Grund dürfen Kaninchen auch vor Operationen nicht nüchtern gehalten werden. Normalerweise fressen sie ca. 30mal am Tag, maximal bis zu 80mal - vorwiegend in den frühen Morgen- und späten Abendstunden sowie in der Nacht. Dabei beträgt die Geschwindigkeit für die Passage des Nahrungsbreies im Verdauungstrakt etwa 5 cm pro Stunde und über 1 m pro Tag. Bei einer Gesamtlänge des Verdauungstraktes von 4 - 6,5 m bedeutet dies, dass in 4 - 6 Tagen die Nahrung diesen passiert hat. [*Schley 1985*]

Die Stationen der Verdauung sind:

- **Maul:** hier beginnt bereits die Verdauung. Durch Enzyme im Speichel (Amylase) wird unter anderem Stärke in Glucose (Traubenzucker) umgewandelt.
- **Magen:** durch Fermente und Salzsäure im Magensaft wird die Nahrung weiter verdaut, die Salzsäure des Magens hat außerdem antibakterielle und antivirale Eigenschaften und verhindert Fehlgärungen.
- **Dünndarm:** unterteilt in Zwölffingerdarm (Duodenum), Leerdarm (Jejunum) und Krummdarm (Ileum): am Zwölffingerdarm schließen die Leber und die Bauchspeicheldrüse an, hier werden Eiweiß, Fett und Kohlenhydrate verdaut - und zwar durch Enzyme, die von der Bauchspeicheldrüse produziert werden. Unter anderem werden z.B. Eiweiße in Aminosäuren zerlegt, die durch die Darmwand in die Blutbahn und Lymphe in den Körper weiter transportiert werden;
- **Dickdarm:** unterteilt in Wurmfortsatz (Appendix vermiformis), Blinddarm (Caecum, Zäkum) sowie den Enddarm mit dem Grimmdarm (Colon, Kolon) und Mastdarm (Rectum): im Blinddarm findet ein Fermentationsvorgang statt, der die bereits erwähnte Ähnlichkeit zu Wiederkäuern aufweist. Hier wird mit Hilfe von Bakterien Zellulose, die Gerüstsubstanz von Pflanzen, aufgeschlossen.

Die Verweildauer der Bestandteile des Nahrungsbreis im Magen-Darmtrakt ist umso kürzer, je höher der Rohfasergehalt in der Nahrungsration bzw. weniger leicht verdauliche Bestandteile in ihr enthalten sind. Normalerweise ist der pH-Wert des Magens sauer (2,2), im Dünndarm nahezu neutral bis leicht basisch (7,2 - 7,9), im Grimmdarm wieder leicht sauer (6,1 - 6,5) und im Blinddarm ebenfalls leicht sauer (6,0) [*Fekete 1993*].

Verbleibt die Nahrung zu lange im Verdauungstrakt, kann durch die Gegenwart von Bakterien der pH-Wert in einen Bereich von 7 -8 ansteigen. Dies fördert die Ausbreitung der Erreger, die das Milieu der gärenden Nahrung als Keimboden nutzen. [*Matthes 1981*]

Die meisten aller Krankheiten resultieren aus dieser Tatsache, verursacht durch falsche Ernährung. Vor allem Jungtiere sind stark gefährdet, da sie für die Verdauung von Nahrungsbestandteilen, wie z.B. Klebereiweiß aus einigen Getreidesorten, erst ab ca. der 8. Woche über die nötigen Enzyme verfügen. Viele Enzyme arbeiten nur in einem relativ engen pH-Bereich optimal. Weicht dieser darüber hinaus ab, funktioniert die enzymatische Aufspaltung von Nahrungsbestandteilen nicht mehr und wichtige Komponenten wie z.B. essentielle Aminosäuren aus dem Eiweiß stehen nicht zur Verfügung.

Bild 28: Innere Organe des Kaninchens (schematisch)

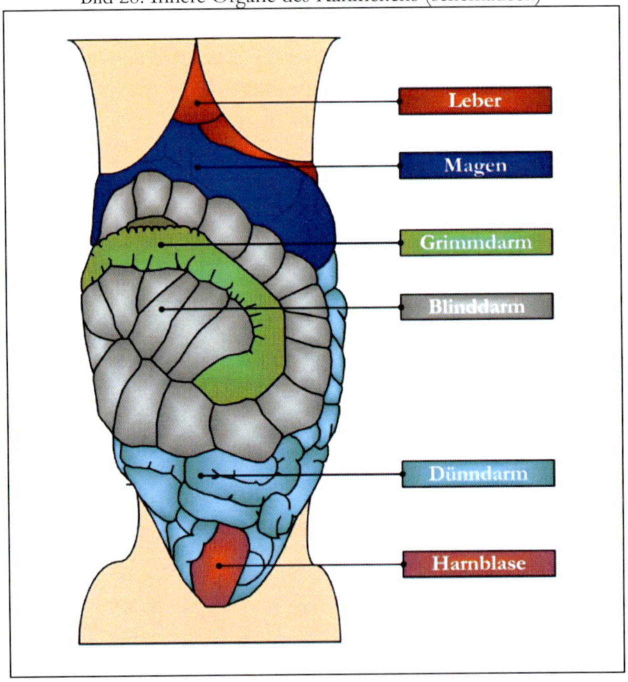

14.1 Caecotrophie

Im Vergleich zu anderen Tierarten ist der Blinddarm des Kaninchen sehr groß - ca. 40 - 45% der Gesamtkapazität des Verdauungstraktes [*Schlolaut 2003*] und somit größer als der Magen. Wie andere warmblütige Tiere und auch der Mensch verfügt das Kaninchen über keine Enzyme, die die Gerüstbestandteile der Pflanzen (Zellulose) aufschließen könnten. Diese Aufgabe übernehmen Bakterien, die den Blinddarm als Fermentationsraum benutzen. Mit ihrer Hilfe wird die Zellulose über eine Dauer von bis zu 12 Stunden zu einem leichtverdaulichen, vitaminreichen Brei umgesetzt. Entsprechend seiner Herkunft bezeichnet man ihn als Blinddarmkot (Coecotrophe), auf Grund seines Inhaltes auch als Vitaminkot bzw. auf Grund seiner Konsistenz als Weichkot.
Im Aussehen unterscheidet er sich deutlich vom normalen Kot. Der Blinddarmkot besteht aus zusammenhängenden, annähernd runden Gebilden, die traubenförmig zusammenkleben. Er ist weich, glänzt, hat einen charakteristischen sauren Geruch und wird leicht mit Durchfall verwechselt. Aufgenommen wird er direkt vom After, so dass dieser Vorgang vom Halter meist unbemerkt bleibt.

In der Literatur wird oft beschrieben, dass dieser Blinddarmkot unzerkaut geschluckt wird, nach [*Selzer 2000*] und eigenen Beobachtungen jedoch wird er gelegentlich auch gekaut. Dieser Kot ist reich an Vitaminen des B-Komplexes und Vitamin K. Durch den Aufschluss der schwer verdaulichen Kohlenhydrate entstehen flüchtige Fettsäuren, welche ihm den charakteristischen Geruch verleihen und die den Energiebedarf des Kaninchens bis zu 20 - 30% decken können. Er ist von einer Schleimhülle umgeben, die zum großen Teil aus Bakterien, Mucoprotein sowie Vitamin B12 zusammensetzt ist und im Magen bis zu 6 Stunden völlig erhalten bleibt. [*Schley 1985*]. Die Aufnahme des Weichkotes ist etwas völlig normales, artgerechtes und wird als Caecotrophie bezeichnet. In älteren Quellen findet man den Begriff Koprophagie (Kot fressen).

Die Zusammensetzung des Blinddarmkotes ist unabhängig von der Zusammensetzung der Futtermittel, da der Bakteriengehalt im Darm konstant bleibt. Besonders die Menge der Trockenmasse des "Recycling"-Kotes ist unabhängig vom Fasergehalt der Futtermittel, denn je höher der "grobe" Inhalt bzw. Anteil des Futters und/oder die gröberen Partikel, desto schneller wandern diese durch den Verdauungstrakt. [*Lebas 1997*]

Bei Energiemangel wird der gesamte Blinddarmkot aufgenommen. Je weniger Protein und mehr Rohfasergehalt in der Futterration enthalten ist, umso größer ist die aufgenommene Menge an Blinddarmkot.

Das, durch die Caecotrophie genutzte, Bakterienprotein kann den Tagesbedarf eines Kaninchens an **essentiellen Aminosäuren** nicht decken. [*Fekete 1993*]

Bild 29: Blinddarmkot

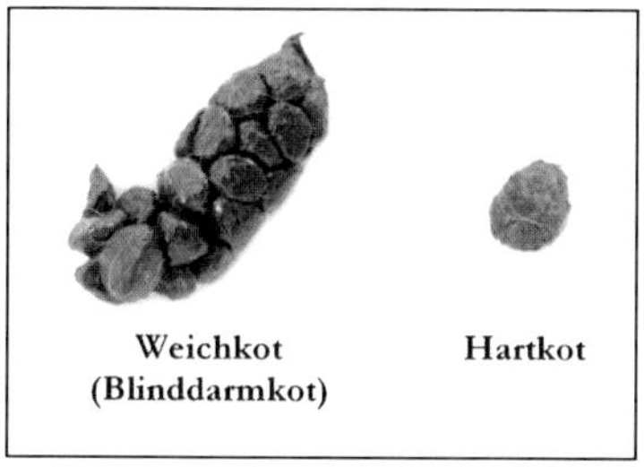

Wird das Tier an der Aufnahme des Blinddarmkotes gehindert, stirbt es nicht daran. Da er an der Verdauung anderer Nahrungsbestandteile beteiligt ist, sinkt jedoch die Ausnutzung der Nährstoffe und hat geringere Gewichtszunahmen zur Folge. Ebenso sinkt die Ausnutzung von Vitaminen, wenn sie nicht in ausreichender Menge durch das Futter zugeführt werden.[*Schley 1985*] Des weiteren kann durch den Blinddarmkot eine gewisse Zeit von Wassermangel überbrückt werden.

Tabelle 2: Zusammensetzung von Blinddarm- und Hartkot, aus [*Fekete 1993*]

Komponenten		**Blinddarmkot**	**Hartkot**
Trockensubstanz (TS)	[%]	38,6	52,7
Rohprotein	[% der TS]	34,0	15,4
Rohfett	[% der TS]	5,3	3,0
Rohfaser	[% der TS]	17,8	30,0
Rohasche	[% der TS]	15,2	13,7
N-freie Extraktstoffe	[% der TS]	27,7	37,0
Bruttoenergie	[MJ/kg TS]	19,0	18,2

15 Ernährung des Kaninchens

Da die Ernährung - neben der Haltungsart - einer der wichtigsten Faktoren für die Gesundheit der Kaninchen ist, wird in den folgenden Kapiteln sehr ausführlich darauf eingegangen. Insbesondere die heute sehr weit verbreitete Fütterung der Kaninchen mit Heu und Gemüse wird dabei kritisch beleuchtet, zumal diese Fütterung heute auch von sehr vielen Tierärzten empfohlen wird. Die von uns dargelegten Kritiken und Empfehlungen sollten dabei nicht als Dogma gesehen werden, ist doch jedes Tier verschieden mit seinen Vorlieben und Bedürfnissen. Wir stellen nur dar und überlassen es jedem einzelnen, seine Schlussfolgerungen für die Ernährung seiner Tiere zu ziehen. Unsere Anmerkungen und Hinweise sollen dabei als unterstützende Argumentation dienen, da wir in unserem Bestand von Anbeginn nie Verluste durch Erkrankungen wie Kokzidiose, Enterocolitis, Vergiftungen, Mangelerscheinungen oder ähnliches hatten, die letztendlich alle auch auf falsche Fütterung zurückzuführen sind.

Eigentlich ist die Ernährung von Hauskaninchen sehr einfach: man informiere sich über die Nahrung ihrer wilden Artgenossen und füttere sie entsprechend - also mit Gras, Kräutern, Sprossen, Rinde, blättrigen Bestandteilen von Pflanzen, Setzlingen, Pflanzenstängeln, gelegentlich Obst, Gemüse und Samen sowie verschiedenen Körnern.

In Gebieten mit großen Kaninchenbeständen werden zum Teil beträchtliche Schäden auch in Getreidefeldern angerichtet, die das Frischegewicht der Ernte/0,25m² um bis zu 90% sinken lassen. Aufgestellte Elektrozäune zum Schutz der Weizenfelder wurden in kurzer Zeit untergraben [*Selzer 2000*].

Kaninchen bevorzugen an Protein und löslichen Kohlenhydraten reiche und rohfaserarme Nahrung. Abgestorbene, vertrocknete Pflanzenteile fressen Kaninchen nur in Zeiten von Nahrungsknappheit. Sie zählen zu den Pflanzenfressern (Herbivoren) und unter diesen zu den Blattfressern (Folivore). Die Hauptnahrung besteht aus pflanzlichen, vorrangig blättrigen Bestandteilen. Die Abgrenzung der Arten in Bezug auf die Ernährungsweise ist jedoch selten scharf, so wird von Pflanzenfressern gelegentlich auch tierische Nahrung gefressen. Dies wird auch für Kaninchen gelten. Es wird zwar von einigen heftig bestritten, jedoch hat sich gezeigt, dass Kaninchen ohne Zwang fleischliche Kost zu sich nehmen. [*Berg 1990*]

Altersabhängig nehmen Kaninchen 7 - 8% ihrer Körpermasse auf, der Anteil verdaulicher Nährstoffe liegt dabei bei ca. 55 %. Davon beträgt der Eiweißgehalt etwa 16 %.[*Kaetzke et al. 2003*] Die Futteraufnahme wird durch Hungergefühl und Fresslust bestimmt, wobei Kaninchen über ein ausgeprägtes Geruchs- und Geschmacksempfinden verfügen. Steigen die Umgebungstemperaturen über den optimalen Wert von 15 - 17°C, sinkt die Futteraufnahme.

Wer noch Großeltern hat, die früher "Stallhasen" hielten, kann von ihnen unter Umständen Erstaunliches erfahren: das nämlich viele Halter vor und nach der Arbeit mit einem Wägelchen loszogen, um Grünes von Wiesen in der Umgebung für die Tiere zu schneiden.

Mittlerweile ist die Meinung weit verbreitet, mit dem Ersatz der natürlichen Nahrung durch die getrocknete Variante wäre das Kaninchen gleichwertig versorgt. Da die Verdaulichkeit getrockneter Gräser und Kräuter geringer ist, sind Zweifel darüber angebracht. Nicht allein die Menge der aufgenommenen Nahrung ist für die Versorgung und das Funktionieren eines Organismus von Bedeutung, sondern vielmehr der Anteil an verdaulichen Nährstoffen.

15.1 Getrocknet oder frisch?

Übertragen auf den Menschen stellt sich die Frage: würden wir uns ein Leben lang vorrangig von getrockneten Nahrungsmitteln ernähren wollen, gelegentlich ergänzt durch etwas "Frisches"? Deutlicher formuliert heißt das z.B.: Ein Leben lang trockene, ungekochte Nudeln und Reis, ab und zu etwas Trockenfleisch, ergänzend einige Löffel Milchpulver, dazu gelegentlich Trockengemüse und Obst und zur Deckung des Flüssigkeitsbedarfes eine Flasche Wasser, die in 1,5 m Höhe angebracht wird. Zu ca. 20% erhalten wir täglich etwas frisches Gemüse. Wenn es uns schlecht geht und wir aus völlig unerklärlichen Gründen Durchfall bekommen, werden uns auch noch die 20% frisches Gemüse entzogen, damit wir wieder gesund werden. Kann das funktionieren?

"Heu oder Gras ist Grundfutter": mit solchen Aussagen wird dem Halter suggeriert, dass er zwischen "getrocknet" und "frisch" wählen kann, da beides offensichtlich gleichwertig ist. Für viele Halter sind mittlerweile Internetforen erste Anlaufstelle für Fragen, die sie eigentlich bereits vor dem Erwerb eines Kaninchens geklärt haben sollten. Alle diese Foren nehmen für sich in Anspruch, über die "artgerechte" Ernährung und Haltung von Kaninchen aufklären zu wollen. Sie werden größtenteils von Personen betrieben, die sich auch im Tierschutz engagieren - von denen man also erwarten muss, kompetent beraten zu werden, da sie meist ihrerseits den Züchtern und kommerziellen Kaninchenverkäufern vorwerfen, falsch zu beraten. Umso erstaunlicher ist die Tatsache, dass oft von hier aus mit Un-, Halb- oder Falschwissen dem Halter Fragwürdiges empfohlen wird. Die Zunahme von gewissen Erkrankungen der Heimtiere wird nicht von ungefähr mit der Zunahme solch dubioser Beratungs-Webseiten korrelieren. "80% Heu/20% Gemüse", "100g Frischfutter/kg Körpermasse", "kein Getreide" neben den legendären "2m² Fläche/Tier" sind nur eine Auswahl zementierter Vorgaben an Halter, die jeder fachlichen Grundlage entbehren. Als "artgerechte" Ernährung wir meist Heu und Gemüse empfohlen.

Diese Interpretationen von "artgerecht" teilen wir nicht.

Dem Wildkaninchen steht Nahrung zur Verfügung, die es sich so zusammenstellt, das sie durch ein ausgewogenes Verhältnis von Trockensubstanz, Feuchtigkeit und Nährstoffen wie Fetten, Kohlenhydrate, Eiweißen, Vitaminen, Mineralstoffen und Spurenelementen bestimmt ist. Für das Hauskaninchen übernimmt der Mensch die Auswahl, oft zum Nachteil des Tieres. Je größer die Auswahl an verschiedenen Bestandteilen **in** der Futterration, umso geringer ist das Risiko einer fehlerhaften Fütterung. Abhängig von der Größe des Tieres gestaltet sich die Fähigkeit, Nahrungsmengen aufzunehmen und verdauen zu können. Im Laufe der Domestikation wurden Rassen gezüchtet, deren Gewicht zum Teil deutlich über dem der Wildkaninchen liegt. Durch die Züchtungen hat sich aber nicht das, auf das Lebendgewicht bezogene, Fassungsvermögen der Verdauungsorgane entwickelt. Futterpläne, wie sie in verschiedenen Quellen, auch im Internet, zu finden sind, entsprechen oft nicht den tatsächlichen Bedürfnissen der Tiere. Zum einen verhindern sie die selbstständige Auswahlmöglichkeit, zum anderen wechseln die Bestandteile oft zeitlich kurz aufeinander folgend, was mit einer ständigen Futterumstellung zu vergleichen ist und somit ebenfalls dem natürlichen Wesen der Nahrungssuche und -aufnahme widerspricht und zudem das Verdauungssystem belastet. Durch die ausschließliche Fütterung mit Heu und Gemüse, wie sie heute weit verbreitet ist, besteht die Gefahr der Unterversorgung und sie erhöht das Risiko für zahlreiche Erkrankungen. Fehlen dem Körper Eiweiße, können nicht im ausreichenden Maße Antikörper für die Abwehr pathogener Bakterien und Parasiten gebildet werden. Wichtig ist dabei immer die Verdaulichkeit bestimmter Bestandteile, die im Heu sehr niedrig ist. Auch Hauskaninchen sind noch in der Lage, ihr Futter nach Nahrhaftigkeit zu selektieren. In Fütterungsversuchen konnte nachgewiesen werden, dass sie bevorzugt Nahrung mit bestimmten essentiellen Aminosäuren aufnehmen, die ihnen in vorangegangener Diät entzogen wurden. [*Schley 1985*]

15.2 Verschiedene Empfehlungen aus der Fachliteratur

In der Literatur findet man viele Angaben zu Energie- und Nährstoffbedarf von Kaninchen sowie empfohlene Mengen von Futtermitteln. Im Folgenden sind einige aus verschiedenen Quellen aufgeführt. Die wenigsten Halter werden die Ration ihrer Kaninchen anhand dieser Werte zusammenstellen - der Vollständigkeit halber seien sie aber erwähnt:

Energiebedarf, Erhaltung [*Kamphues et al. 2004b*]: $\approx$440 kJ DE/kg $KM^{0,75}$ ($KM^{0,75}$ = Metabolische Körpermasse)

Laktation [*Kamphues et al. 2004b*]: $\approx$ 3 x Erhaltungsbedarf

Der Bedarf für den Stoffwechsel steigt nicht proportional mit der Körpermasse, sondern etwa in der dreiviertel Potenz zur Körperoberfläche. Dies wird bei der Berechnung von benötigten Mengen für Kaninchen durch die metabolische Körpermasse berücksichtigt (Einheit [kg $KM^{0,75}$], verschiedentlich auch $LM^{0,75}$ [LM = Lebendmasse]).

Tabelle 3: Metabolische Körpermassen

KM [kg]	**$KM^{0,75}$ [kg]**
1,00	1,00
2,00	1,68
3,00	2,28
4,00	2,83
5,00	3,34
6,00	3,83
7,00	4,30
8,00	4,76
9,00	5,20
10,00	5,62

Tabelle 4: Tägliche Aufnahme von Trockenfuttersubstanz TS [in % der KM], nach [*Kamphues et al. 2004b*]

Körpermasse KM	**Erhaltung**	**Gravidität**	**Laktation**	**Wachstum**
$\approx$ 1,0	3,5	4,0 - 6,0	6,0 - 8,0	6,5
2,3	4,0	5,0	7,0	6,0
4,5	3,3	4,1	6,0	5,0
6,8	3,0	3,7	5,0	4,5

Tabelle 5: Empfohlene Rationszusammensetzung für Kaninchen, [*Ewringmann 2005*]

Heu:	ad libitum (zur freien Verfügung)
Frischfutter:	2x täglich
Strukturiertes Grünfutter:	1/2 bis 2/3 der Frischfutterration (z.B. Gras, Kräuter, Löwenzahn, Möhrengrün, Blumenkohlblätter, Kohlrabiblätter)
Gemüse:	etwa 1/3 der Frischfutterration (z.B. Möhre, Kohlrabi, Broccoli, Sellerie)
Obst & Salate:	max. 1/4 der Frischfutterration (Apfel, Birne, Banane, Endivie, Feldsalat, Rucola)
pelletiertes Alleinfutter:	max. 1 EL/kg Körpergewicht/Tag

Tabelle 6: Empfehlungen für den Energie- und Nährstoffgehalt von Alleinfutter, nach [*Schlolaut 2003*]

		Ausgewachsene Tiere	**Jungtiere**
Verdauliche Energie	MJ/kg	8.5 - 9.0	10.0 - 11.0
Rohprotein	%	12 - 15	17 - 18
Verdauliches Rohprotein	%	8 - 11	12
Rohfaser	%	14	14 - 16
Rohfett	%	2 - 3	4 - 6
Calcium	%	0.4	0.4
Phosphor	%	0.2	0.5
Magnesium	%	0.2	0.25
Natrium	%	0.2	0.3
Kalium	%	0.5	0.5
Lysin	%	0.9	0.9
Methionin + Cystin	%	0.5	0.6
Vitamin A 1	IE/kg	6.000	10.000
Vitamin D	IE/kg	500	900
Vitamin E	mg/kg	50	50
Vitamin K	mg/kg	2	2

Diese Angaben entsprechen weitgehend denen in [*Fekete 1993*], die für eine optimale Ernährung mit Mischfuttermitteln ermittelt und zusammengestellt wurden. Hier wird dazu vermerkt, dass die relativ hohe Rohfaserempfehlung in erster Linie eine diätische Rolle spielt und der Durchfallprophylaxe dient.

Empfohlene Futtermittel, Tierärztliche Vereinigung für Tierschutz [*TVT 2007*]:
"Die Grundration kann im Sommer aus unterschiedlichen Pflanzenarten, möglichst im Gemisch, bestehen: Gras, Luzerne, Klee, Grünroggen, Lupinen, Serradella Erbsen- und Bohnenkraut, junge Mais- und Sonnenblumenpflanzen bzw. deren Blätter, Möhrenkraut, Salat. [...] In der Winterfütterung werden überwiegend eingesetzt: Futter-, Kohl- und Mohrrüben, Kartoffeln, in jedem Fall Heu, aber auch begrenzte Mengen an Pellets mit hohem Rohfasergehalt."

Die empfohlenen Futtermittel der "Tierärztlichen Vereinigung für Tierschutz" berücksichtigen erfreulicherweise die saisonale Verfügbarkeit an Futter, denn die wirklich natürliche und artgerechte Nahrung für Kaninchen ist in der Vegetationszeit das Grünfutter. Außerdem wird für die nährstoffarme Zeit eine Zufütterung von Pellets empfohlen, die natürlich auch durch anderes, energiereiches Trockenfutter (Alleinfuttermittel) erfolgen kann - denn optimal sind Pellets auf Grund ihrer Struktur nicht. Hauptenergieträger der Nahrung sind die Fette und Kohlenhydrate, bei einem Mangel dieser Bestandteile wird auch Eiweiß zur Energiegewinnung verwendet. Normalerweise dient das Eiweiß jedoch als Baustoff für Körpergewebe. Je nach Verdaulichkeit steht aber nur ein jeweilig bestimmter Anteil dieser lebensnotwendigen Komponenten zur Verfügung. Einen geringen Teil an Eiweißen und Vitaminen vermag es durch den Blinddarmkot zu decken, jedoch ist die Effektivität der Verwertung schwer verdaulicher Komponenten wie Zellulose bei weitem nicht so hoch wie z.B. bei den Wiederkäuern. Er hilft dem Tier in nährstoffarmen Zeiten, diese zu überstehen.

Die tägliche Ration sollte für ein ca. 2 kg schweres Kaninchen aus ca. 100 - 120 g **Trockensubstanz** bestehen. Außer Heu sind die meisten Frischfutter mehr oder weniger stark wasserhaltig. Deshalb müssen sie davon größere Mengen aufnehmen, was wiederum für die Kautätigkeit unter Beachtung des Zahnabriebes vorteilhaft ist. Der Stoffwechsel des Hauskaninchens unterscheidet sich kaum von dem seines wilden Artverwandten. Diesem Umstand ist unbedingt Rechnung zu tragen, da es sonst zu Mangelerscheinungen kommen kann. Mancher Mangel tritt bei erwachsenen Tieren erst nach langer Zeit in Erscheinung, während er Jungtieren sehr schnell das Leben kosten kann. Ein Mangel an Eiweiß bedeutet zum Beispiel, dass ungenügend Antikörper gegen Erkrankungen gebildet werden können - das Immunsystem also geschwächt ist.

Das folgende Kapitel 15.3 gibt unsere eigene Fütterungsweise wieder. Sie beruht darauf, möglichst nahe am Bedarf des Vorbildes die Tiere mit normaler, artgerechter Nahrung zu versorgen und durch ausgewählte Zusätze einem möglichen Mangel vorzubeugen.

15.3 Unsere Fütterung

Körpermasse der Kaninchen 1,5 - 3,0 kg, Außenhaltung*

Frühjahr

- ca. 20 g struktur- und faserreiches Trockenfutter/Tier/Tag**,
- Start mit frischen, unterschiedlichen Pflanzen im Gemisch (Gras, Wicke, Löwenzahn, Klee, Spitz- und Breitwegerich usw.)
- Gemüse im Gemisch zur freien Verfügung (Möhren, Sellerie, Chicorée, Brokkoli usw., langsame Reduzierung)
- gelegentlich Obst (z.B. ca. 1/4 Apfel oder 1/4 Banane verteilt auf eine Woche)
- gelegentlich Äste von Obst- und/oder Nadelbäumen, Haselnussstrauch usw., Laub von Eiche, Haselnuss, Brombeerstrauch

Sommer

- frische, unterschiedliche Pflanzen im Gemisch zur freien Verfügung
- gelegentlich Obst, Äste, Laub (siehe Frühjahr)
- struktur- und faserreiches Trockenfutter**, ca. 20g/Tier/Tag

Herbst

- frische, unterschiedliche Pflanzen im Gemisch zur freien Verfügung
- gelegentlich Obst, Äste, Laub (siehe Frühjahr)
- je nach Verfügbarkeit von frischem Grün langsamer Start mit Gemüse sowie struktur- und faserreichem Trockenfutter**

Winter

- Gemüse im Gemisch zur freien Verfügung (Möhren, Sellerie, Chicorée, Brokkoli usw.)
- gelegentlich Obst, Äste, Laub (siehe Frühjahr)
- struktur- und faserreiches Trockenfutter**, ca. 20g/Tag/Tier
- gelegentlich Sonnenblumenkerne, Haferflocken, Hafer, Gerste (insgesamt wöchentl. 2 - 4 EL/Futtermittel)
- getrocknete Kräuter wie z.B. Petersilie, Sellerie, Kerbel, Oregano, Thymian usw.

* Heu, Stroh & Wasser in jeder Jahreszeit stets zur freien Verfügung,

** Zusammensetzung: Inhaltsstoffe = 15 % Rohfaser, 9,5 % Rohprotein, 3,4 % Rohfett, 6,8 % Rohasche; Zusatzstoffe = 12.000 IE Vitamin A (Vitamin-A-Präparat), 750 IE Vitamin D3, 42 mg Vitamin E (Vitamin-E-Präparat), 1.300 mg Vitamin C, 10 mg Kupfer (Kupfer-(II)-sulfat, Pentahydrat [*von zur Gathen 2008*]

EL Esslöffel

Im Winter besteht die Fütterung aus der Grundration Heu und einem strukturreichen Trockenfutter, jeweils zur freien Verfügung, sowie aus Gemüse. Das Heu wird selbst "hergestellt". Dazu werden im Sommer Grünpflanzen auf Gerüsten im Schatten getrocknet und in Stoffsäcken trocken gelagert.

Im zeitigen Frühjahr (Anfang März) wird neben dem obligatorischen Heu und verschiedenen Gemüse mit täglich einer Handvoll frischem Grün begonnen. Die ersten Pflanzen sind Löwenzahn, Spitzwegerich, Wicke und verschiedene Gräser. Im Zeitraum von einer Woche steigert sich die Menge auf "ad libitum" und löst somit das Heu ab, dass nunmehr kaum noch gefressen wird, aber nach wie vor zur Verfügung steht. Ebenso nimmt die Akzeptanz von Gemüse immer mehr ab. Ab Mitte März/Anfang April wird fast ausschließlich frisches Grün, gelegentlich Trockenfutter und selten etwas Gemüse und Obst gefressen.

Das Grünfutter stammt von Streuobstwiesen abseits stark befahrener Straßen. Die gesamte Ration besteht aus den verschiedensten (Un)Kräutern und Gräsern, die je nach Jahreszeit wechseln. Somit ist es den Tieren möglich, die für sie schmack- und nahrhaftesten Bestandteile auszuwählen. Dabei werden bei den Tieren verschiedene Vorlieben sichtbar - manche Pflanzen, die verschiedentlich als giftig eingestuft werden, nehmen manche Kaninchen problemlos und gezielt auf. Die Menge an vorgelegtem Grünfutter beträgt ca. 0,8 - 1,0 kg/Tier/Tag.

Je größer die Menge verschiedener Pflanzen, umso geringer die Gefahr, dass aus Gier und zu geringer Auswahl unbekömmliche Pflanzen aufgenommen werden. Die gesamte Menge des Grünfutters sollte also stets mehr sein, als die Tiere fressen können. So können vor allem leichtverdauliche Bestandteile der Pflanzen gewählt werden - die aus größtenteils unverdaulichen Rohfasern bestehenden Stängel bleiben meist liegen. Nur die Tiere selbst wissen und entscheiden, was ihnen wann schmeckt - und vor allem bekommt.

Im späten Jahr, ab ca. Oktober, nimmt die Menge an Grünfutter ab und Heu wird immer mehr zum Hauptbestandteil der Ration. Dazu gibt es Saftfutter in Form von Gemüse und gelegentlich etwas Obst. Zusätzlich steht Trockenfutter aus natürlichen Komponenten zur Verfügung. Dabei handelt es sich um ein Alleinfuttermittel, dessen Bereitstellung sicherstellen soll, dass fehlende Bestandteile in der Hauptnahrung ergänzt werden können - und zwar nach Belieben und Bedarf.

Bild 30: Fütterung mit wenigen, ausgewählten Komponenten - nicht empfehlenswert

Bild 31: Fütterung mit allem, was eine Wiese bietet und in großer Menge zur Auswahl

Bild 32: Aller Anfang ist schwer…

Bild 33:…und wird später Gewohnheit

16 Nährwertanalyse

In verschiedenen Tabellen findet man Begriffe wie Roheiweiß (Rohprotein), Rohfaser, Rohfett und Rohasche. Diese Werte werden zumeist mit der so genannten Weender-Futtermittelanalyse bestimmt und bei Fertigfuttermischungen als Deklaration angegeben. Benannt ist sie nach der Versuchsstation Weende bei Göttingen, in der sie von Henneberg und Stohmann 1864 ausgetüftelt wurde. Ermittelt werden durch ein Trocknungsverfahren (103 - 105°C bis Massekonstanz) die Rohnährstoffe, welche folgenden Stoffgruppen des Futtermittels zugeordnet werden:

- **Trockensubstanz (TS, TM):** alle Stoffe, die bei 103°C nicht flüchtig sind, also Wasser, flüchtige Fettsäuren, Alkohole und ätherische Öle.
- **Rohprotein (Rp, XP):** alle stickstoffhaltigen Verbindungen. Proteinmoleküle enthalten 16% Stickstoff. Erfasst werden aber auch stickstoffhaltige Nichteiweiße wie Aminosäuren, Peptide, Alkaloide und Amide. Der Rohproteingehalt gibt also nicht die wirkliche, biologische Wertigkeit wieder.
- **Rohfaser (Rfa, XF):** alle, in verdünnten Laugen oder Säuren unlöslichen Rückstände ohne Berücksichtigung der Verdaulichkeit der verschiedenen Rohfaserfraktionen
- **Rohfett (Rfe, XL):** alle, in Petroläther löslichen Bestandteile wie Lipoide, Wachse, Fettsäuren und fettlösliche Vitamine.
- **Rohasche (Ra, XA):** alle anorganischen Bestandteile, die nach 6stündiger Verbrennung bei 550°C zurückbleiben wie Mineralstoffe und Silikate.
- **Stickstofffreie Extraktstoffe (NfE):** alle in verdünnten Laugen oder Säuren löslichen Bestandteile, also leichtverdauliche Kohlenhydrate wie Stärke und Zucker. Der Wert wird meist rechnerisch bestimmt: NfE = TS -Ra - Rp - Rfe - Rfa.

Der Nachteil der Weender-Analyse ist die Erfassung aller stickstofffreien Stoffe als Kohlenhydrate ohne Unterscheidung z.B. nach Stärke und Zucker. Eine Aussage über die Verdaulichkeit der Komponenten kann nicht getroffen werden, diese wird in Versuchen für die jeweilige Tierart ermittelt.

Eine genauere Aufschlüsselung der stickstofffreien Extraktstoffe liefert die so genannte Detergenzien-Analyse über die Zellwandbestandteile nach van Soest, aus der sich die Gerüstkohlenhydrate Cellulose, Hemicellulose und Lignin errechnen lassen. Außerdem können indirekt durch Subtraktion der NDF sowie Rohprotein, Rohfett und Rohasche von der Gesamttrockenmasse die Nichtstrukturkohlenhydrate (bes. Zucker und Stärke, Pektin und organische Säuren) bestimmt werden.

NFC: (Nicht Faser-Kohlenhydrate) umfassen im wesentlichen Zucker, Stärke und Pektine.

NDF: (Neutral Detergent Fibre) gibt den gesamten Zellwandgehalt (´Cellulose + Hemicellulose + Lignin) wieder. Je höher der NDF-Gehalt, umso geringer die Verdaulichkeit des Futters.

ADF: (Acid Detergent Fibre) = Cellulose + Lignin; Maßstab für den schlecht verdaulichen Zellwandanteil. Der ADF-Gehalt hat wesentlichen Einfluss auf die Menge Futter, die ein Kaninchen aufnehmen kann.

ADL: (Acid Detergent Lignin) ist der Anteil an unverdaulichem Lignin. Im Raufutter nimmt dieser Anteil mit zunehmendem Alter der Pflanze zu und begrenzt den Futterverzehr.

Bild 34: Durchschnitt von 24 Heuproben analysiert nach den Methoden «van Soest» und «Weende», nach [*Kunz & Frey 2007*] - Anmerkung: Interessant sind die Gehalte an Stärke (3,1%) und Zucker (13,6%)

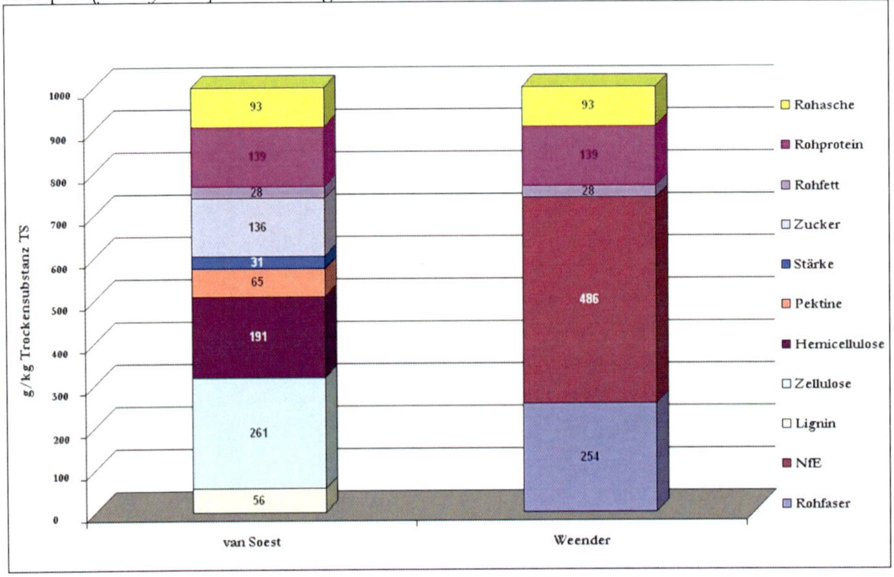

Bild 35: Vergleich der Weender- und Erweiterten Weender-Analyse nach Soest

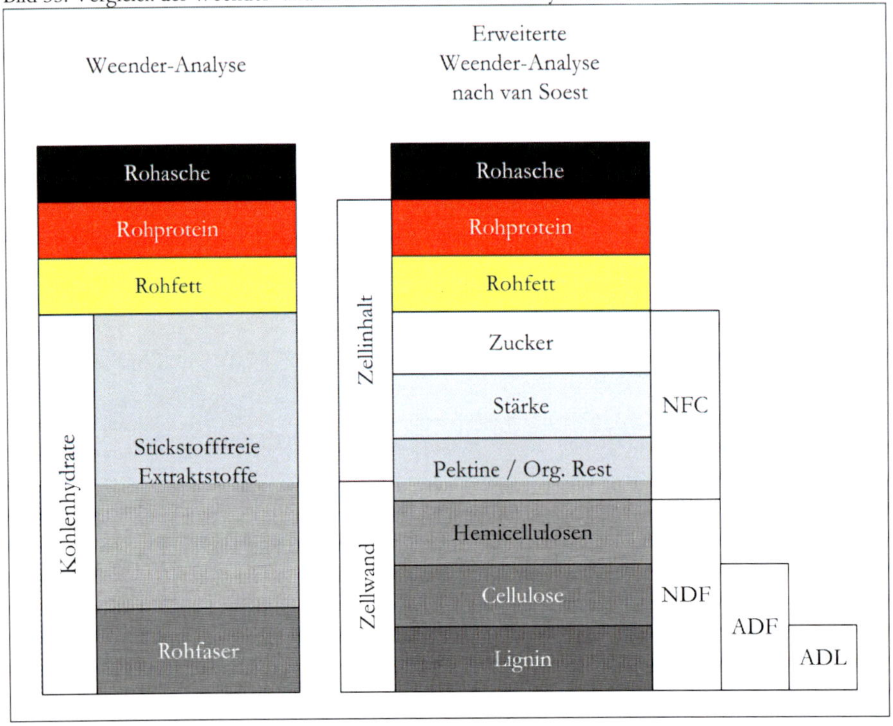

17 Nährstoffe

17.1 Rohprotein

Rohprotein bzw. Eiweiße stellen die wichtigste Körpersubstanz des tierischen (und auch des menschlichen) Körpers dar. Da es nicht gespeichert werden kann, muss es ständig über die Nahrung zugeführt werden. Hormone, Enzyme und Immunkörper bestehen z.B. aus Protein. Das Eiweiß aus der Nahrung wird bei der Verdauung enzymatisch in seine Bausteine, Aminosäuren, zerlegt. Diese werden von der Darmwand resorbiert und mit dem Blut weitertransportiert. In den Körperzellen werden dann zum Aufbau der eigenen, artspezifischen Eiweiße die benötigten Aminosäuren in der richtigen Reihenfolge verknüpft. Dieser Vorgang wird als Stoffwechsel bezeichnet. Das, durch den Organismus verbrauchte, Eiweiß muss über die Aufnahme neuer Eiweiße mit der Nahrung aufgefüllt werden.

Die verschiedenen Eiweiße verfügen über einen unterschiedlichen Gehalt an essentiellen Aminosäuren und damit über eine unterschiedliche biologische Wertigkeit. Essentielle Aminosäuren für das Kaninchen sind Arginin, Glyzin, Histidin, Isoleucin, Leucin, Tryptophan, Lysin, Methionin, Cystin, Phenylalanin, Tyrosin, Threonin und Valin. [*Schlolaut 2003*] Nur bei ausreichendem Vorhandensein essentieller Aminosäuren im Eiweiß kann körpereigenes Eiweiß aufgebaut werden. Fehlt auch nur eine dieser Aminosäuren, wird die Verwendungsfähigkeit anderer Eiweißbausteine gemindert. Das heißt, das Fehlen einer essentiellen Aminosäure begrenzt den Wert des gesamten Eiweißes in der Futterration. Diese wird deshalb limitierende Aminosäure genannt (limitierend = begrenzend)

Mit der Angabe des Rohproteins wird nicht die Menge erfasst, die letztendlich für die Ernährung wichtig ist. Werden beispielsweise 100g Rohprotein gefüttert und davon sind 30g im Kot nachzuweisen, bedeutet dies, dass 70% verdaut wurden - aber es besagt nicht, dass das Tier damit optimal versorgt ist. Kaninchen benötigen für die Erhaltung ca. 2 - 3g verdauliches Rohprotein pro kg Körpermasse am Tag. Dieser Bedarf ist gedeckt, wenn es am Tag ca. 12 - 14% verdauliches Rohprotein, bezogen auf die Trockenmasse des Futters, erhält. Erwachsene Tiere benötigen ca. 16 - 18%. Höher als 20% sollte jedoch der Gehalt an hochwertigem Protein in der Futterration nicht sein, da sonst das Gesundheitsrisiko steigt und die Verdauung der Tiere auf so hohe Mengen mit Störungen reagiert. [*Schley 1985*]

In [*Lackenbauer 2001*] wird als Faustregel angegeben, dass ein Gehalt von 16% Rohprotein in einem Futtermittel einem Gehalt an verdaulichem Protein von ca. 12% entspricht. Erhitzung erhöht die Verwertbarkeit der Eiweiße durch den Organismus, weil infolge struktureller Veränderung der Biomoleküle (Entknäuelung der Peptidketten = Denaturierung) die Angriffsmöglichkeiten der Verdauungsenzyme verbessert werden. Deshalb werden z.B. gekochte Kartoffeln besser verdaut und verwertet als rohe. Kaninchen benötigen bestimmte Mengen von Proteinen hoher biologischer Wertigkeit und Verdaulichkeit, die z. B. in Klee oder Luzerne enthalten sind. [*Hand et al. 2003*]

17.2 Rohfaser

Als Rohfaser bezeichnet werden vorrangig die Stützsubstanzen der Pflanzen für das Gerüst von Blättern und Stängeln sowie die Schalen von Samen, wie zum Beispiel die Kornhülle des Getreides. Die Rohfasern bestehen aus Cellulose, Hemicellulose (Peptosane) und Lignin. Mit steigendem Ligningehalt (Verholzung) sinkt die Verdaulichkeit der Rohfaser. Cellulose kann im beschränkten Umfang mit Hilfe der Caecotrophie (siehe Kapitel 14.1) verdaut werden.

Rohfasern beschleunigen den Durchlauf der Nahrung durch den Verdauungstrakt und sorgen somit für eine stabile Darmflora. Im Heu kann der Rohfasergehalt bis zu 35% betragen, in frischem Futter bis 6%. Laut verschiedenen Empfehlungen aus der Fachliteratur sollte der Rohfasergehalt für die gesamte, tägliche Ration zwischen 14 - 16% liegen. Ist er niedriger, begünstigt das Verdauungsstörungen, liegt er darüber, sinkt die Aufnahme und Verwertung anderer Nährstoffe. Wer sich die Mühe macht, die Zahlen genauer zu betrachten, wird feststellen, dass sie widersprüchlich erscheinen, denn der Rohfasergehalt der natürlichen Nahrung von Wildkaninchen liegt über einen sehr großen Zeitraum weit unter den empfohlenen Mengen der Fachliteratur. Diese empfohlenen Mengen wurden für Alleinfuttermittel in pelletierter Form ermittelt – also mit weitgehend zerstörter Rohfaser.

Eigene Erfahrungen zeigen, dass sich Kaninchen über einen sehr lange Zeit des Jahres rohfaserarm mit frischem Grün versorgen - ohne Darmkrankheiten oder Zahnprobleme. Trotz ständiger Verfügbarkeit von Heu wird dieses von Frühjahr bis Herbst so gut wie nicht gefressen. Nennenswerte Mengen werden zusätzlich nur von Jungtieren bis zu einem Alter von etwa 3 Monaten gefressen. Doch auch sie wenden sich nach dem Verlassen des Nestes sofort dem frischen Grün zu.

17.3 Rohfette

Fette bilden den eigentlichen Energielieferanten für Tätigkeiten wie z.B. Bewegung, funktionelle Aktivitäten der Organe und die Erhaltung der Körpertemperatur. In der natürlichen Nahrung liegen die Fettgehalte unter 1%, weshalb auch angenommen werden kann, dass ein höherer Bedarf nicht erforderlich ist. Getreidekörner und Heu verfügen über Fettgehalte von ca. 2 - 3%. Fette setzen im Vergleich zu Stärke den 2,3fachen Betrag an umsetzbarer Energie frei. [*Schley 1985*] Dadurch wird der Nährwert in der Ration deutlich erhöht, ohne deren Gewicht nennenswert zu erhöhen. Da ihr Fehlen nur bis zu einem gewissen Grad durch einen höheren Futterkonsum auszugleichen ist, bilden Fette eine wichtige Energiequelle. Vor allem die ungesättigten, essentiellen Fettsäuren spielen für die Ernährung eine wichtige Rolle.

17.4 Kohlenhydrate

Kohlenhydrate als mengenmäßig größter Bestandteil der organischen Substanz sind vor allem eine Energiequelle und werden in der Weender-Analyse als Stickstofffreie Extraktstoffe aufgeführt, da sie aus den Elementen Kohlen-, Wasser- und Sauerstoff bestehen. Zu ihnen gehören u.a. Zucker, Zellulose und Stärke. Überschüssige Energie wird in Depotfett umgewandelt. In Obst und Gemüse sind die Kohlenhydrate als Gemisch von Trauben-, Frucht- und Rohr- bzw. Rübenzucker (= Haushaltszucker) enthalten.

Je nach Obst- und Gemüsesorte sind die Anteile der einzelnen Zuckerarten unterschiedlich und werden auch allgemein und zusammengefasst als Saccharose bezeichnet. Je kg Körpermasse werden für Zwergkaninchen etwa 26,4 g verdauliche Gesamtnährstoffe als Erhaltungsbedarf angenommen. Der Energiebedarf/Tag für ein 1 kg schweres Kaninchen beträgt ca. 630 kJ, für ein 2 kg Tier ca. 880 kJ [*Schley 1985*]. Besonders energiereich ist Getreide. Deshalb sollte es an kleine Kaninchenrassen, wenn überhaupt, nur in geringen Mengen verfüttert werden. Auf Weizen sollte gänzlich verzichtet werden, da er das schlechtverdauliche Klebereiweiß enthält. Jungtiere bis zur 8. Woche sollten keine stärkehaltigen Futtermittel bekommen, da sie noch nicht über die notwendigen Enzyme verfügen, sie aufzuspalten.

17.5 Stärke

Stärke ist ein Vielfachzucker, der durch Verdauungsenzyme (Speichelamylase und Pankreasamylase) zu Zweifachzucker (Maltose) aufgespalten wird. Dieser wird wiederum durch das Enzym Maltase zu Einfachzuckern abgebaut, die dann durch die Darmwände in den Blutkreislauf gelangen. Wenn man z.B. Brot lange gekaut, wird die Masse im Mund mit der Zeit süß - ein leicht nachzuvollziehendes "Experiment" zum Nachweis des enzymatischen Abbaus der Stärke zu Zucker. Stärke ist vor allem in Getreide, Brot, Kartoffeln und Wurzelgemüse, aber auch in Süßgräsern, die die Hauptnahrung der Kaninchen bilden, enthalten.

Für Jungtiere bis zu einem Alter von 8 Wochen ist schwer verdauliche Stärke ein Problem, da sie noch nicht über die entsprechenden Enzyme verfügen, die diese aufspalten. Dadurch gelangt unverdaute Stärke in den Blind- und Dickdarm und ist dort für Bakterien und Parasiten der Nährboden, auf dem sie sich schnell vermehren können.

Wenn Toxine produzierende Bakterien im Darm siedeln und sich zu stark vermehren, führt das unweigerlich zu Darmerkrankungen, die sich oft mit Durchfall äußern. Für kleine Kaninchen, die in Wohnungen gehalten werden, sind stärkehaltige Futtermittel in größeren Mengen nicht zu empfehlen, da sich die Tiere nicht wie in ihrer natürlichen Umgebung ausreichend bewegen. Sie neigen deshalb sehr schnell zu Fettansatz.

Auf die Stärke wird noch einmal in Kapitel 20.1 im Zusammenhang mit Getreide eingegangen.

17.6 Vitamine

Empfohlene Mengen für Vitamine in Futtermitteln siehe Kapitel 15, Ernährung. Im Folgenden sind die Bedeutungen der verschiedenen Vitamine für den Organismus des Kaninchens aufgeführt.

Vitamin A (Retinol)
Wird zum Aufbau, Schutz und Regeneration der Haut und Schleimhaut benötigt; erhöht die Widerstandskraft gegen Infektionen, steigert die Antikörperbildung und ist am Stoffwechsel von Kohlenhydraten, Eiweißen und Fetten beteiligt. Bei längerer Fütterung ausschließlich mit minderwertigem Heu und Wurzelfrüchten kann ein Mangel auftreten, der sich durch Augenveränderungen, Wachstumsverzögerung und Fortpflanzungsstörungen äußert. Im Heu wird Vitamin A, wie auch andere wichtige Vitamine, auf Grund der Trocknung teilweise zerstört und baut durch die Lagerung immer weiter ab. Ein höherer Bedarf kann z.B. bei Krankheiten wie Kokzidiose vorhanden sein. [*Schlolaut 2003*]

Vitamin B-Komplex
Von der Zufuhr der Vitamine des B-Komplexes ist das Kaninchen weitgehend unabhängig, da sie diese durch die Caecotrophie (Aufnahme und Verwertung des Blinddarmkotes) selbst synthetisieren können. Vitamine des B-Komplexes sind:

- B1 (Thiamin) - reguliert den Kohlenhydratstoffwechsels; ist für die Funktion von Nervengewebe und Herzmuskel zuständig und verfügt über eine Schutzfunktion für den Magen-Darm-Kanal
- B2 (Riboflavin, Laktoflavin) - ist am Sehvorgang beteiligt und ein Coferment des Eiweiß- und Fettstoffwechsels.
- B3 (Nikotinsäure) - Bestandteil von Cofermenten für den Kohlenhydrat-, Fett- und Eiweißstoffwechsel und für die Funktion der Haut und der Verdauungsorgane unentbehrlich.

- B4 (Cholin) - ist am Stoffwechsel der Fette beteiligt und für den Fetttransport zuständig. Außerdem wirkt es stimulierend auf die Antikörperbildung.
- B5 (Ca-Pantothenat) - steuert den Kohlenhydrat-, Fett- und Eiweißstoffwechsels und ist von besonderer Bedeutung für den Auf- und Abbau der Fette sowie für die Funktion der Haut und Schleimhäute. Es sorgt für die Bildung von Resistenzen gegenüber Infektionen.
- B6 (Pyridoxin, Adermin) - es nimmt eine zentrale Stellung im Eiweißstoffwechsel ein und ist am Fett- und Kohlenhydratstoffwechsel beteiligt.
- B12 (Cobalamin) - wird für die Blutbildung benötigt, ist für das Wachstum und Stoffwechselprozesse zuständig und an der Bildung einiger Aminosäuren beteiligt.

Vitamin C
Wird vom Kaninchen selbst gebildet. Es ist an Oxydations- und Reduktionsprozessen sowie am Aufbau von Hormonen und an der Blutgerinnung beteiligt und steigert die Abwehrkräfte bei Infektionen und Stress.

Vitamin D3 (Calciferol)
Sorgt für die Regulierung des Kalzium- und Phosphor-Stoffwechsels und fördert deren Resorption aus dem Darm. Es steuert die Ca- und P-Umlagerung im Skelett und reguliert die Ca- und P-Ausscheidung über die Niere. Ein zu hoher Gehalt an Vitamin D kann das Auftreten von Kalzinose begünstigen.

Vitamin E (Tocopherol)
Steuert den Kohlenhydrat-, Muskel und Glycogenstoffwechsel, stimuliert die Antikörperbildung, verfügt über eine antioxidative Wirkung und dient dem Zellschutz. Ein Mangel an diesem Vitamin kann zur Degeneration der Muskulatur führen, ein höherer Bedarf kann, ebenso wie für Vitamin A, bei Kokzidiose bestehen.

Vitamin H (Biotin)
Ist ein Coenzym wichtiger Stoffwechselreaktionen, fördert die Synthese ungesättigter Fettsäuren und ist wichtig für ein optimales Fellwachstum.

Vitamin K
Dieses Vitamin kann das Kaninchen aus dem Blinddarmkot selbst synthetisieren. Es beeinflusst die Blutgerinnung und ist am Zellstoffwechsel beteiligt.

Die Vitamine A, E, C und Beta-Karotin gelten als wirkungsvolle Antioxidantien für den Organismus, die das Abwehrsystem gegen gesundheitsschädigende Angriffe von Radikalen effizient unterstützen. Viele Vitamine sind licht- und temperaturempfindlich. Lichtempfindlich sind vor allem die Vitamine A, E, K sowie B2 und B12. Äpfel sollten nicht gemeinsam mit anderen Obst- und Gemüsesorten gelagert werden, da sie mit zunehmender Reife Ethylen ausscheiden, welches den Vitaminverlust beschleunigt. Beim Säubern von Gemüse entsteht ein Vitaminverlust von ca. 20 - 60%, bei Salat und Karotten von 60 - 70%. Durch das Zerkleinern von Obst und Gemüse gehen ca. 20 - 30% Vitamine verloren, durch die Lagerung von Salat in einem Zeitraum von 3-4 Tagen bis zu 90%. Eine ausreichende Versorgung von Kaninchen mit Vitaminen durch die ausschließliche Fütterung mit Heu und Gemüse dürfte als fragwürdig gelten. Durch den Trocknungsprozess bei der Heugewinnung und den Verlust von Vitaminen durch Transport- und Lagerung von Obst und Gemüse kann davon ausgegangen werden, dass viele Vitamine nicht mehr oder nur in geringen Mengen vorhanden sind.

17.7 Mineralstoffe

17.7.1 Calcium (Ca), Phosphor (P)

Tabelle 7: Kalziumgehalte verschiedener Futtermittel aus 2 Literaturquellen [mg/100g]

	① uS*	② eS**
Apfel	5	5,8
Apfel, getrocknet	-	30
Banane	8	7
Breitwegerich	-	412
Brennnessel	-	713
Broccoli	11	58
Brunnenkresse	18	-
"Buntfutter"***	540	-
Chicoree	26	26
Chinakohl	40	40
Endiviensalat	54	54
Feldsalat	35	35
Fenchel, Blatt	109	109
Gerste	-	38
Giersch, Blatt	-	132
Gras	114	-
"Grünrollis"****	1110	-
Hafer	110	80
Haferflocken	-	48
Johannisbrotschrot	330	-
Kartoffel	-	6,4
Kohlrabi	-	64
Kopfsalat	37	22
"Leckerli"*****	265	-
Löwenzahn	158	165
Luzerneheu	1370	-
Möhren	30	37
Möhren, getrocknet	-	256
Mais	-	8,3
Paprika	-	10
Pastinake	-	49
Petersilie	245	179
Rhabarber	52	-
Rosenkohl	31	-
Rucola	-	160
Rüben	30	-
Salatgurke	45	-
Schafgarbe	176	-
Sellerie, Knolle	-	50
Spinat	126	-
Spitzwegerich	-	248
Weißkohl	46	45
Weizen	60	33
Weizenmischbrot	-	36
Wiesenheu	640	-
Wirsingkohl	47	64

① aus [*Hollmann 2001*]
② aus [*Souci 2000*]

* uS = ursprüngliche bzw. Frischesubstanz
** eS = essbare Substanz
*** auf der Basis nativer Komponenten
**** auf der Basis von Luzernemehl
***** auf der Basis von Zucker, Fett und Milchprodukten

Anmerkung:
Die unterschiedlichen Werte für gleiche Futtermittel können durch die verschiedenen Grundeinsatzbestandteile gegeben sein: während in [*Souci 2000*] die (für Menschen) essbaren Anteile analysiert wurden, sind die analysierten Anteile in [*Hollmann 2001*] nicht bekannt bzw. nicht veröffentlicht.

Die beiden Elemente Ca und P stehen zusammen mit dem Vitamin D in einem engen Verhältnis. Calcium ist Bestandteil von Knochen, Zähnen, Geweben und Körperflüssigkeiten und besonders wichtig in der Wachstums- und Laktationsphase der Häsin, Phosphor ist ein Baustoff für die Knochen und Zähne und an sehr vielen Stoffwechselreaktionen beteiligt. Kaninchen weisen einen besonderen Calciumstoffwechsel auf. Sie resorbieren das Calcium nicht bedarfsorientiert, sondern nach der Verfügbarkeit in der Nahrung. Überflüssiges Calcium wird normalerweise über die Niere wieder ausgeschieden. Aus diesem Grund ist bei einem gesunden, erwachsenen Tier der Urin trüb eingefärbt, klarer Urin deutet auf einen Calciummangel hin. Bei Jungtieren ist es jedoch möglich, dass das aufgenommene Calcium komplett für das Knochenwachstum verwendet wird und deshalb der Urin klar ist. Kaninchen haben Calcium-Serumwerte (12-13 mg/dl), die höher als bei anderen Säugetieren sind. Deshalb wird von vielen davon ausgegangen, dass zusätzliches Kalzium im Futter schädlich sei. Diese Annahme trifft für gesunde Kaninchen jedoch vermutlich nicht zu. [*Hand et al. 2003*]

Ein erhöhter Calciumbedarf kann bei trächtigen oder laktierenden (säugenden) Häsinnen bestehen. Der Harn des Kaninchens hat einen hohen, also basischen pH-Wert (8 - 9), was ein Ausfällen von Calciumkristallen begünstigt, die durch die Anwesenheit bestimmter Stoffe entstehen können. Eine solche, in Pflanzen vorkommende Substanz, ist die Oxalsäure. Sie wurde ursprünglich als Kaliumsalz im Waldklee entdeckt und wird deshalb auch Kleesäure genannt. Ihr Salz, das Calciumoxalat, entsteht unter anderem beim Absterben von Pflanzenzellen. Sie kommt in einigen, für die Kaninchenfütterung interessanten, Gemüsesorten vor. Eine Rotfärbung des Urins ist meist ein Zeichen für Pigmente, die in Futtermitteln enthalten sind. Blut im Urin wäre ein Anzeichen für eine ernsthafte Erkrankung und ist durch klare, rote Bluttröpfchen deutlich zu erkennen. Das Auftreten von Kalzinose wird entscheidend durch das Alter der Tiere, dem Verhältnis von Phosphor-Calcium sowie dem Vitamin D beeinflusst. Empfohlen wird ein Verhältnis Ca : P = (1,5 - 2) : 1, wobei der Gehalt des Phosphors in der gesamten Futterration 0,5% nicht übersteigen sollte. Das heißt, bei einem Calciumgehalt von 0,5% in der Ration sollte der Phosphorgehalt etwa bei 0,2 - 0,3% liegen. Vitamin D wird durch das Sonnenlicht gebildet und steuert den Calciumstoffwechsel - zu hohe Mengen fördern jedoch Kalzinose. Sehr oft wird davor gewarnt, zuviel calciumreiche Grünpflanzen wie z.B. Löwenzahn oder Luzerne zu füttern. Davon abgesehen, dass es immer nachteilig ist, eine geringe Auswahl in hoher Menge zu füttern, wird dabei außer Acht gelassen, dass die frischen Pflanzen zu ca. 80% aus Wasser bestehen, welches den Calciumgehalt entsprechend "verdünnt". Im Vergleich zur gleichen Menge getrockneter Pflanzen ist der Gehalt an Calcium also wesentlich geringer und wird durch die gleichzeitige Aufnahme relativ großer Flüssigkeitsmengen über den Urin wieder ausgeschieden. In [*Hollmann 2001*], wird festgestellt, dass die Ursache für die Bildung von Blasenschlamm beim Zwergkaninchen "wohl in der Abkehr von der artgemäßen Fütterung [...] zu sehen ist." Dies ist in der heutigen, weit verbreiteten Fütterung vorrangig getrockneter Komponenten wie Heu gegeben. Wird jungen und alten Tieren calciumarmes Futter gegeben, bestehen gesundheitliche Risiken besonders den Knochenbau betreffend.

17.7.2 Kalium (K), Natrium (Na)

Kalium verbessert die Verdaulichkeit der Rohfaser und steht in enger Verbindung mit Natrium. Beide Elemente sind wichtig für Funktionen in Körperflüssigkeiten, bei der Wirkung von Enzymen und haben eine Bedeutung für das Nervensystem. Der tägliche Kaliumbedarf beträgt 0,5 - 0,8% und wird normalerweise über die pflanzliche Nahrung gedeckt.[*Schley 1985*]
Natrium dagegen ist in Pflanzen nur unzureichend enthalten, weshalb Kaninchen wie alle Pflanzenfresser gern zusätzlich Salz aufnehmen - außerdem wirkt es appetitanregend.

17.8 Spurenelemente

Als Spurenelemente werden die Stoffe bezeichnet, die nur in geringen Mengen von < 50mg/kg in Medien vorkommen. Auch Eisen zählt auf Grund seiner Wirkungsweise dazu. Normalerweise besteht an diesen Elementen kein zusätzlicher Bedarf für Kaninchen.

18 Nahrung

18.1 Grünfutter (frisches Gras, Kräuter und Blätter)

Die Nahrung der Wildkaninchen resultiert aus den jeweiligen regionalen und saisonalen Gegebenheiten. Sie bevorzugen die leicht verdaulichen, eiweißreichen Teile der natürlichen Pflanzen wie Gras und Kräuter, also die Blattspitzen. Deshalb werden sie auch als Folivore bezeichnet. [*Schlolaut 2003*] Das bedeutet, sie ernähren sich vorrangig von proteinreichen, rohfaserarmen Pflanzenbestandteilen. Sie wählen ihre Nahrung im großen Maße unter anderem nach der Schmackhaftigkeit aus. Die aufgenommene Menge an frischen Pflanzen kann im Wachstum dabei bis zur Hälfte des eigenen Körpergewichtes betragen. Das Grünfutter besteht in der Regel zu 60 - 90% aus Wasser, weshalb auch relativ große Mengen aufgenommen werden müssen (ein Grund dafür, dass Wildkaninchen keine Zahnfehler oder Verdauungsprobleme aufweisen, obwohl die Nahrung wenig Rohfaser enthält).

Gras steht fast ganzjährig zur Verfügung, selbst im Winter lassen sich unter der Schneedecke Halme finden, die vom Schnee befreit die Nahrung der Kaninchen bilden. Weiterhin zählen, die ab Frühjahr wachsenden, (Un)-Kräuter zur Hauptnahrung. Der Begriff "Unkraut" ist etwas strittig, zählt doch lediglich der ambitionierte Gärtner, der auf einen schönen Zierrasen großen Wert legt, gewisse Pflanzen zu den unerwünschten Gewächsen, die seine gärtnerische Ordnung stören. Neben Gras und Kräutern fressen sie die Blätter von Gemüse, Wurzeln, Rinde, Äste und Blätter verschiedener Bäume wie Akazie (Robinie), Weißbuche, Esche, Espe, Roteiche, Rotbuche, Birke, Ahorn, Linde, Weide und Eiche. Von den Nadelbäumen werden Fichte, Tanne und Kiefer gern genommen. Auch Obstbäume werden gemocht - dazu zählen Quitte, Mispel, Apfel, Birne und Kirsche.

Gemäß verschiedenen Quellen werden Koniferen, Buchsbaum und Eibe als giftig beschrieben. Eigene Erfahrungen zeigen, dass Koniferen und Buchsbaum ignoriert werden, Eiben jedoch ohne Probleme durch Fraß zumindest so stark geschädigt werden, dass sie eingehen. Die Blätter der Birkenfeige (Ficus benjamina), die ebenfalls als giftig eingestuft werden, gelten nach unseren Erfahrungen für manche Tiere als regelrechte Leckerbissen. Weiterhin bevorzugt werden junge Saaten, Klee, Lupine, reifes Getreide, Rüben, Mohrrüben, Raps, Kartoffeln und junges Kartoffelkraut [*Boback 2004*]. Auch Weinreben, Zierpflanzen und Stauden aller Art sind eine willkommene Abwechslung, selbst bestimmte Pilze werden gefressen. In Weinbaugebieten sind sie als Schädlinge für die Rebpflanzen unbeliebt [*Zillig 1934*]. Für die Fütterung sollte grundsätzlich gelten, dass die vorgelegte Menge viele verschiedene Pflanzen enthält, so dass aus diesen ausgewählt werden kann. Sie kann im Frühjahr zusätzlich zum Heu mit geringen Mengen, etwa eine Handvoll/Tier/Tag, beginnen. Nach 5 - 7 Tagen kann die Menge gesteigert werden, so dass nach ca. 2 Wochen frisches Grün das Heu ersetzen könnte - trotzdem sollte es nach wie vor zur Verfügung stehen.

Die ersten Pflanzen im Jahr sind verschiedene Gräser, Löwenzahn, Wicke, Spitzwegerich und Klee. Normalerweise fressen die Tiere nach der eher diätischen Fütterung im Winter das Grün sehr gern. Ist das nicht der Fall, kann das Grün mit dem Heu gemischt werden. Ist man unsicher, kann man mit verschiedenen Gräsern beginnen - eine Vergiftungsgefahr besteht bei diesen so gut wie nicht. Löwenzahn, Wicke, Spitz- und Breitwegerich sowie die verschiedenen Kleesorten sind sehr markante Pflanzen, deren Abbildungen in Nachschlagewerken oder dem Internet zu finden sind. Einige dieser Pflanzen sind nachfolgend aufgeführt. Je größer die Auswahl an verschiedenen Pflanzen in der vorgelegten, mehr als ausreichenden Menge, umso geringer die Gefahr, dass eventuell enthaltene Giftpflanzen mit gefressen werden. Diese werden von Kaninchen normalerweise liegen gelassen.

Immer wieder wird davor gewarnt, junge Pflanzen oder bestimmte Sorten wie Löwenzahn oder Klee nur vorsichtig und in geringen Mengen zu verfüttern. Was soll man unter "vorsichtig" und "geringe Mengen" eigentlich verstehen? Eine genaue Erklärung bzw. Mengenangaben erhält man zu diesen Warnungen nicht - es sind eher diffuse Beschreibungen der Auswirkungen von zuviel Calcium im Löwenzahn oder Blähgefahr und Trommelsucht durch Klee.

Da unsere Tiere weder mit Kalzinose, noch mit Trommelsucht jemals zu tun hatten, muss es eine Erklärung für dieses Phänomen geben. Deshalb ein Versuch der Erklärung bzw. Empfehlungen für den Umgang mit Grünfutter:

1. Sind die Tiere ganzjährig an frische Pflanzen gewöhnt, wird der Beginn der Fütterung mit frischem Grün von der Wiese nicht sehr schwerwiegend sein. Es sollte aber trotzdem mit kleinen Mengen begonnen werden, da junge Pflanzen viel Eiweiß und wenig Rohfaser enthalten (eine Handvoll, im Zeitraum einer Woche auf zwei Handvoll steigern...).
2. Es sollte natürlich nicht nur eine Sorte frisches Grün gefüttert werden, sondern immer ein Gemisch (z.B. Gräser, Löwenzahn, Klee, Wicke, Schafgarbe).
3. In frischen Pflanzen ist der Wassergehalt sehr hoch - ca. 80%. Dies verdünnt im gewissen Sinn den Mineraliengehalt, der mit dem Harn wieder ausgeschieden wird. Bei der Aufnahme von Heu muss ein Kaninchen relativ viel zusätzlich trinken, um den gleichen Effekt zu erzielen. Viele Tiere trinken jedoch keine großen Mengen. Mit dem frischen Grün wird die Flüssigkeit zwangsläufig aufgenommen.
4. Grünfutter sollte immer an schattigen Plätzen geschnitten sowie kühl, luftig und trocken gelagert werden. Es darf nie erwärmtes Grün verfüttert werden. Die Eigenerwärmung in feuchtem, gepresstem Futter darf dabei nicht unterschätzt werden! Dies kann man testen, indem man eine Handvoll Grün in die Sonne auf eine Steinplatte legt. Bereits nach einigen Minuten sammelt sich unter dem Grün Feuchtigkeit und im Inneren des Haufens ist das Grün deutlich wärmer geworden - wodurch Gärprozesse in Gang kommen.

Geeignete Plätze zum Sammeln der Pflanzen sind z.B. Streuobstwiesen, abgelegene Grünflächen oder Ackerränder. Sie sollten nicht in der Nähe stark befahrener Straßen liegen. Außerdem sollte das Grün nicht von Wiesen kommen, die als Plätze für Hundehalter beliebt sind. Regennasses Sammelgut kann bedenkenlos verfüttert werden, es darf jedoch nicht längere Zeit liegen bleiben und anfangen zu gammeln. Wird das Gras gelagert, ist darauf zu achten, dass es nicht in der Sonne liegt oder im Inneren zu übermäßiger Wärmebildung kommt, da dadurch Gärprozesse in Gang gesetzt werden. Besser sind lockere, dünne Schichten - so kann es auch noch am nächsten Tag gefüttert werden. Ähnlich wie Heu, kann Gras locker in Raufen zur Fütterung angeboten werden, damit es nicht durch Urin oder Kot beschmutzt wird. Bewährt hat sich die Gabe von Grünfutter 2 - 3mal am Tag, so dass den Tieren immer Frisches zur Verfügung steht. Im Sommer kann frisches Grün auch im Gemüsefach des Kühlschrankes aufbewahrt werden - so kann es auch am nächsten Tag noch verfüttert werden.

Dass eventuell eine weit verbreitete, unterschwellige Furcht vor Tympanien viele Kaninchenbesitzer offensichtlich an einer artgerechten Grünfütterung hindert, wird in [*Hollmann 2001*] festgestellt. Das Hauptfutter der Kaninchen besteht vorrangig aus den blättrigen Bestandteilen der Süßgräser - und wie der Name schon sagt, enthalten diese eine gewisse Menge an Zucker.

Tabelle 8: Zuckergehalte von verschiedenen Gräsern und Grasmischungen, nach [*Nussbaum 2008*]

Kleearten	**Kleeanteil [%]**	**Grasarten**	**Grasanteil [%]**	**ZG**	**TM**	**XP**	**XF**	**XA**
Rotklee	100	-	-	**3,0**	15,3	20,2	22,8	12,5
Rotklee	80	Welsches Weidelgras	20	**3,4**	15,6	19,7	22,0	11,9
Rotklee	17	Welsches Weidelgras	83	**4,5**	15,6	18,8	22,0	12,2
-	-	Welsches Weidelgras	100	**16,6**	21,0	11,4	21,9	11,3
-	-	Deutsches Wedelgras	100	**10,1**	15,3	14,6	22,0	13,6
Rot-/ Weißklee	20	Deutsches Wedelgras, Lieschgras	80	**3,4**	15,1	20,3	21,8	12,3
Rotklee, Luzerne	43	Schwingel, Lieschgras, Knaulgras, Glatthafer	57	**3,3**	14,9	19,9	23,0	12,7
Luzerne	73	Schwingel, Lieschgras	27	**2,8**	18,5	19,8	24,8	15,4
Luzerne	100	-	-	**2,5**	17,8	20,8	25,1	12,9
Weißklee*	9	Deutsches Wedelgras, Schwingel, Lieschgras, Wiesenrispe	91	**4,1**	15,3	19,5	22,4	13,2

* Mischung für Dauergrünland bei intensiver Nutzung (4-5 Schnitte pro Jahr)

XF = Rohfaser [%] in der Trockenmasse
XP = Rohprotein
XA = Rohasche
ZG = Zuckergehalt [%] in der Trockenmasse
TM = Trockenmasse [%]
i. TM = in der Trockenmasse

Tabelle 9: Nährstoffgehalte von Futtermitteln des Dauergrünlandes, [*Kamphues et al. 2004b*]

	TS [g/kg] uS	**Rfa [g]**	**Rp [g]**	**NEL [MJ]**	**Carotin [mg]**	**Ca [g]**	**P [g]**	**Mg [g]**	**Na [g]**	**K [g]**
Wiesengras										
- im Schossen	180	239	172	6,33	>500	6,7	4,4	2,2	0,6	31,1
- nach der Blüte	290	348	69	5,07	0 - 100	5,5	3,4	1,7	0,3	26,9
Weidegras										
- im Schossen	175	234	200	6,29	800	5,1	3,4	1,7	1,1	33,1
- Beginn der Blüte	220	264	191	5,64	636	5,5	3,6	1,8	0,5	30
- Ende der Blüte	240	317	154	4,96	125	7,5	3,6	2,2	0,4	30,8

Bild 36: Wiese mit verschiedenen Gräsern und Kräutern - artenreich

Bild 37: Wiesen mit verschiedenen Gräsern - wenig Auswahl

18.1.1 Verschiedene Grünpflanzen

Bild 38: Wiese mit verschiedenen Gräsern, hier vorrangig Glatthafer, Honiggras und Weizen

Bild 39: Straußgras

Gräser sind einkeimblättrige, krautige Pflanzen mit langen, schmalen Blättern, die zur Ordnung der Süßgrasartigen gehören. Die Blätter der Gräser gehören zur Hauptnahrung der Kaninchen, besonders die Blattspitzen. Süßgräser als bevorzugte Nahrungsquelle gibt es mit etwa 12.000 Arten in ca. 700 Gattungen. Dazu gehören auch die verschiedenen Getreidearten wie z.B. Weizen.

Bild 40: Weizen

Bild 41: Glatthafer

Bild 42: Grannenhafer

Bild 43: Knaulgras

Bild 44: Deutsches Weidelgras, Englisches Raygras

Bild 45: Pfeifengras

Bild 46: Wiesen-Lieschgras, Timothee-Gras

Bild 47: Rispengras

Bild 48: Straußgras

Bild 49: Honiggras

Bild 50: Weißklee

Bild 51: Rotklee

Bild 52: Hornklee

Klee (Trifolium): Pflanzenfamilie der Hülsenfrüchtler (Fabaceae oder Leguminosae), Gattung aus der Unterfamilie Schmetterlingsblütler (Faboideae); Wiesen- bzw. Rot-Klee (Trifolium pratense L.) sowie Weiß-Klee (Trifolium repens). Klee enthält viele Proteine, deshalb sollte er nicht im Übermaß und immer im Gemisch mit anderen Pflanzen gefüttert werden.

Bild 53: Wiese mit verschiedenen Kräutern und Gräsern: wenn diese Mischung komplett dem Kaninchen angeboten wird, braucht es keine Leckerli's mehr - und bleibt gesund

Das bekannteste Kraut ist sicher der Gemeine Löwenzahn, für den es regional verschiedene Bezeichnungen gibt: Hundeblume, Hundsblume, Pusteblume, Seichkraut, Butterblume, Kuhblume, Speckblume und einige andere. Oft wird vor dem hohen Gehalt an Calcium und Oxalsäure im Löwenzahn gewarnt. Wenn er nicht ausschließlich gefüttert wird, stellt das Calcium auf Grund des hohen Wassergehaltes kein Problem dar. Der Einfluss der Oxalsäure auf die Bildung von Harnsteinen ist noch wenig untersucht, deshalb sollte Löwenzahn in nicht zu großen Mengen und immer im Gemisch mit anderen Pflanzen angeboten werden.

Bild 54: Blühender Löwenzahn

Bild 55: "Pusteblume"...

Bild 56: ...aus der Nähe

Bild 57: Wicke - Blüte

Bild 58: Wicke

Wicke: Familie der Hülsenfrüchtler (Fabaceae), Unterfamilie Schmetterlingsblütler (Faboideae); Gattung von krautigen Pflanzen mit mehr als 150 Arten. Die Pflanze wird von Kaninchen sehr gern gefressen.

Beinwell, auch Comfrey genannt: Pflanzengattung, die zu den Raublattgewächsen (Boraginaceae) gehört. Die Blätter sind mit feinen Härchen versehen, weshalb sie nur im angetrockneten Zustand bzw. getrocknet gern gefressen werden. Es gibt auch weiß blühenden Beinwell.

Bild 59: Beinwell - Blüte

Bild 60: Beinwell - Pflanze

Bild 61: Ackerwinde - Blüte

Bild 62: Ackerwinde - Blatt

Ackerwinde: Kletterpflanze aus der Familie der Windengewächse (Convolvulaceae, Familie in der Ordnung der Nachtschattenartigen [Solanales]). Sie ist eiweißreich, gut bekömmlich und wird gern gefressen.

Spitzwegerich (Plantago lanceolata) auch Spießkraut, Königskraut oder Schlangenzunge genannt; gehört zur Familie der Wegerichgewächse (Plantaginaceae).

Bild 63: Spitzwegerich

Bild 64: Breitwegerich

Breitwegerich: gehört ebenfalls zur Familie der Wegerichgewächse (Plantaginaceae).

Bild 65: Schafgarbe - Blüte

Bild 66: Schafgarbe

Schafgarbe: krautige Pflanzengattung in der Familie der Korbblütler (Asteraceae). Die Inhaltstoffe der Pflanze wirken verdauungsfördernd und entzündungshemmend.

Der Samen der Sonnenblume (Helianthus annuus) enthält unter anderem alle, für das Kaninchen essentiellen, Aminosäuren. Gefüttert werden können alle Bestandteile der Pflanze.

Bild 67: Sonnenblumen

Bild 68: Zwei Kaninchen an einer Sonnenblumenblüte

Bild 69: Topinambur, Blüte

Bild 70: Topinambur, Blatt

Bild 71: "Pflanzen-Schädling"

Topinambur (Helianthus tuberosus): Pflanze aus der Familie der Korbblütler (Asteraceae), die zur selben Gattung wie die Sonnenblume zählt und auch als Rosskartoffel, Erdartischocke; Erdbirne oder Diabetikerkartoffel bekannt ist. Die Pflanze kam Anfang des 17. Jahrhunderts aus Nordamerika nach Europa, wird bis zu drei Meter hoch und vermehrt sich vegetativ über die Wurzelknollen. 100 Gramm Topinamburknolle enthält etwa 14 mg Kalzium, 3,4 mg Eisen, 4 mg Natrium, 2 mg Vitamin A (RE) und 4 mg Vitamin C. Sie bestehen aus etwa 78 % Wasser, 2,4 % Eiweiß, 0,4 % Fett, 17,4 % Kohlenhydraten und 1,6 % Ballaststoffen. Außerdem enthalten sie bis zu 16% Inulin, auch Kompositen- oder Alantstärke genannt. Sie wird im Magen von Enzymen und Säure in Fruchtzucker aufgespalten, der für Diabetiker verträglich ist - weshalb sie auch "Diabetikerkartoffel" genannt wird. Inulin wird in vielen Pflanzen als Reservestoff eingelagert, besonders in Arten der Korbblütler wie Topinambur, Gewöhnlichen Löwenzahn und Schwarzwurzeln, aber auch in Doldenblütlern wie z.B. der Pastinake.

Bild 72: Basilikum

Bild 73: Thymian

Bild 74: Petersilie

Die Inhaltstoffe der Taubnessel wirken unter anderem gegen Durchfall.

Bild 75: Taubnessel

Bild 76: Lavendel

Bild 77: Salbei

Bild 78: Oregano

Bild 79: Melisse

Bei der Beschaffung von Grünfutter muss darauf geachtet werden, dass in diesem Gebiet keine Wildkaninchen leben. Über sie können durch kontaminiertes Futter Krankheitserreger zu den eigenen Tieren übertragen werden. Außerdem sollte bei dieser Art Fütterung zweimal im Jahr eine Wurmkur durchgeführt werden. Empfehlenswert hierfür ist Panacur® (Panacur® ist ein reg. Warenzeichen der Hoechst AG, Frankfurt/M.; chemische Kurzbezeichnung: Fenbendazol)

18.2 Saftfutter (Gemüse, Obst)

Früher wurde alles, was nicht zur Hauptnahrung wie Brot oder Fleisch gehörte, als Obst bezeichnet. Heute zählt oft Nahrung dazu, die als Früchte von Bäumen oder Sträuchern stammt, meist aus der befruchteten Blüte entsteht, größtenteils roh verzehrt wird und einen höheren Zuckergehalt als Gemüse aufweist. Zu Gemüse zählt hingegen größtenteils Nahrung, die aus verschiedenen Teilen von Pflanzen besteht. Die Grenze ist unscharf - so sind zwar z.B. Paprika, Tomaten, Gurken, Zucchini oder Kürbisse auch Früchte, werden aber wegen ihrer geringen Süße als Gemüse bezeichnet, während Rhabarber als Pflanzenstängel zu Obst gezählt wird.

18.2.1 Gemüse

Grundsätzlich sollte nur einheimisches Gemüse gefüttert werden. Dazu gehören Gurke, Brokkoli, Sellerie (Knolle und Blätter), Karotte bzw. Mohrrübe (Knolle und Kraut), Fenchel (Knolle und Blatter), Kohlrabi (Knolle und Blätter) und Chicorée. Auch Salate wie Endivie, Feldsalat und Rucola werden in der Regel gern gefressen. Gelegentlich wird das Füttern von Salaten wegen hoher Nitratgehalte kritisch beurteilt, jedoch sind die Grenzwerte, die z.B. Krebs verursachen könnten, sehr hoch und werden in, als Lebensmittel verkauften, Salaten nicht erreicht. Der Vorteil der Fütterung von Gemüse liegt in dem hohen Flüssigkeitsgehalt, der um die 90% beträgt. Dadurch wird der Gehalt an Mineralien in der gesamten Futterration verdünnt. Außerdem trinken manche Tiere zu wenig, nehmen aber mit dem Gemüse zwangsläufig viel Flüssigkeit auf. Ein sehr beliebtes Futtergemüse ist die Karotte. Wie anderes Knollengemüse auch enthält sie Stärke und einen nicht unerheblichen Anteil an Zucker. Er beträgt ca. 5 g/100 g. Eine durchschnittliche Karotte wiegt in etwa 100 g - ein handelsübliches Stück Zucker ca. 3g [*Südzucker 2008*]. Das heißt, frisst ein Kaninchen eine halbe Karotte, hat es 1 Stück Zucker aufgenommen. Handelt es sich um getrocknete Karotte, ist der Anteil Zucker um ein vielfaches höher - ca. 37 g/100 g [*Souci 2000*]. Ein anderes Problem einiger Gemüsesorten ist die in ihnen enthaltene Oxalsäure. Sie bindet Calcium und lässt es zu Kristallen ausfallen. Diese Kristalle können zu Blasen- oder Nierensteinen anwachsen, die den Harnleiter verstopfen, was für die Tiere äußerst schmerzhaft ist und zum Tod führen kann.

Tabelle 10: Oxalsäuregehalte verschiedener Gemüsesorten [mg/100g essbarer Anteil], [*Souci 2000*]:

Kohlrabi	2,80
Karotte	6,10
Rote Rübe	181,00
Sellerie (Knolle)	6,80
Chicoree	27,00
Endivie	2,50
Feldsalat	-*
Fenchel	5,00
Grünkohl	7,50
Kopfsalat	-
Löwenzahnblätter	25,00

Mangold	650,00
Petersilie (Blatt)	-
Rotkohl	7,40
Spargel	-
Spinat	442,00
Weißkohl	-
Wirsingkohl	4,90
Gurke	-
Paprika	16,00
Tomate	24,00

* Steht für die Mengenangabe "-", ist die Oxalsäure in diesem Futtermittel nicht nachweisbar.

Gelegentlich besteht Unsicherheit bezüglich des Nitratgehaltes in Gemüse. Nitrat (NO_3^-) ist eine Verbindung, die natürlicherweise im Boden vorkommt und von den Pflanzen zum Aufbau von Eiweiß benötigt wird. Um die Ernteerträge zu steigern, wird oft zusätzlich mit Nitrat gedüngt. Die Verbindung selbst ist nicht giftig, bildet aber die Vorstufe des Nitrits (NO_2^-), das wiederum an der Bildung von Nitrosaminen beteiligt ist, die als krebserregend gelten. Durch bestimmte Bakterien kann Nitrat zu Nitrit umgewandelt werden. Dabei sind besonders die Stängel als Hauptleiter für die Versorgung der Pflanzen höher belastet als der Rest der jeweiligen Pflanze. Die Nitratkonzentration ist von verschiedenen Faktoren abhängig, u. a. von:

- Düngung
- Dauer der Sonneneinstrahlung (je länger Sonne, umso geringer die Nitratkonzentration bzw. morgens ist die Konzentration niedriger als am Abend)
- Jahreszeit: im Winter ist, auf Grund geringerer Sonneneinstrahlung, die Konzentration höher

Grundsätzlich sind wohl Gewächshauspflanzen im Winter nitrathaltiger als solche aus dem Freiland. Die WHO (Welt-Gesundheits-Organisation) und die DGE (Deutsche Gesellschaft für Ernährung) geben die duldbaren Menge Nitrat für Menschen mit 220 mg/Tag an, für Nitrit mit 7,98 mg/Tag. (ADI-Wert [acceptable daily intake] für Nitrat = 3,7 Milligramm je Kilogramm Körpergewicht).

Tabelle 11: Nitratgehalte verschiedener Gemüsesorten (aus unterschiedlichen Quellen)

Hohe Nitratgehalte (> 1000 mg/kg)	**Mittlere Nitratgehalte (ca. 500-100 mg/kg)**	**Niedrige Nitratgehalte (< 500 mg/kg)**
Endiviensalat	Chinakohl	Blumenkohl
Feldsalat	Eisbergsalat	Broccoli
Kohlrabi	Fenchel	Chicorée
Kopfsalat	Frisée	Gurken
Kresse	Grünkohl	Kartoffeln
Mangold	Spinat	Möhren
Portulak	Weißkohl	Paprika
Radieschen	Wirsing	Pilze
Rettich		Porree
Sellerie		Rosenkohl
Rote Bete		Spargel
		Tomaten

Gemäß [*DGE 1999*] ist es grundsätzlich falsch, den Nährstoffgehalt einer Pflanze ausschließlich auf die Anbaumethode zurückzuführen. In erster Linie sind es die Faktoren Erntezeitpunkt, Klima (besonders Licht), Pflanzenabstand, Sortenwahl usw., die einen entscheidenden Einfluss haben. So gibt es z. B. generell keinen Unterschied zwischen konventionell und ökologisch angebauten Möhren bezüglich des Carotingehaltes. Dass im Freien in der Sonne gereifte Tomaten einen höheren Vitamin-C-Gehalt haben als im Winter im Gewächshaus gezogene, liegt an den unterschiedlichen Lichtverhältnissen zu den verschiedenen Jahreszeiten.

Weiterhin sind heutige Analysemethoden wesentlich genauer und erlauben Differenzierungen zwischen verschiedenen Nährwerten, die in der Vergangenheit nicht geliefert werden konnten - deshalb sind Vergleiche zwischen heutigen und früheren Nährwerten mit äußerster Vorsicht zu genießen.

18.2.1.1 Verschiedene Gemüsesorten

Bild 80: Mohrrübe, Karotte

Bild 81: Kohlrabi

Bild 82: Sellerie

Bild 83: Salat

Bild 84: Fenchel

Bild 85: Chicorée

Bild 86: Brokkoli

Bild 87: Rucola

Bild 88: Feldsalat

Bild 89: versch. Gemüse für die Fütterung*

Bild 90: versch. Gemüse für die Fütterung 2 **

* Karotte, Fenchel, Brokkoli, Feldsalat, Chicorée, Petersilie

** Karotte, Kohlrabi, Feldsalat, Möhrengrün, Fenchel, Sellerie

18.2.2 Obst

Für Obst gilt wie für das Gemüse, dass nur einheimische Sorten gefüttert werden sollten. Banane und Ananas sind jedoch sehr gut geeignet für die Fütterung bei Durchfallerkrankungen und Haarballenbildungen (Bezoare). Grundsätzlich sollte Obst in sehr geringen Mengen gefüttert werden, da der Zuckergehalt sehr hoch ist (>10%). Insbesondere gilt das für getrocknetes Obst.

Beispiel Apfel: in Deutschland wachsen rund 1600 verschiedene Apfelsorten, aber nur etwa 20 davon sind wirtschaftlich bedeutsam. Der Geschmack eines Apfels wird stark vom Zucker/Säure-Verhältnis geprägt. Zu den säurereichsten Sorten zählt der Boskoop, die säureärmsten sind Gala, Delbarestivale, Gloster sowie Golden Delicious, Idared und Jonagold. Sorten wie Boskoop, Fuji und Rubinette weisen einen Zuckergehalt von 15-16% auf. Vergleichsweise wenig Zucker enthalten z. B. Delbarestivale und Idared mit jeweils 11 %. Sauer schmeckende Sorten sind nicht zwangsläufig zuckerarm - der hohe Säuregehalt überdeckt nur die Süße des Zuckers [*Ministerium für Umwelt 2008*]. Bei einem durchschnittlichen Zuckergehalt von 13% enthält ein Achtel Apfel mit einem Gewicht von 25 g also etwa 3 g Zucker - soviel wie ein Stück Zucker. Aus diesem Grund sollte die Verfütterung von Obst sehr sparsam erfolgen. Bestimmte Baumobstsorten stehen Kaninchen natürlicherweise nur eine kurze Zeit und als Fallobst zur Verfügung - entsprechend gering dürfte der Verzehr solcher Nahrung sein. Zur Regulierung des pH-Wertes im Darm und Vorsorge vor darmspezifischen Krankheiten hat sich die Gabe von etwas Apfelessig in das Trinkwasser der Tiere bewährt. Die Dosierung sollte dabei zwei Esslöffel/Liter nicht überschreiten und einmal pro Woche erfolgen.

Tabelle 12: Kohlenhydratgehalte einiger Obstsorten [g/100g], [*Universität Hohenheim 2008*]:

Apfel frisch	11,4	Weintraube frisch	15,6
Apfel getrocknet	61,3	Weintraube getrocknet	66,8
Pflaume frisch	10,2	Ananas frisch	13,1
Pflaume getrocknet	56,5	Banane frisch	21,4
Weintraube frisch	15,6	Birne frisch	12,4

Tabelle 13: Oxalsäuregehalte verschiedener Obstsorten [mg/100g essbarer Anteil], [Souci 2000]:

Apfel	0,50
Birne	6,20
Weintraube	8,00

Der Vitamingehalt von Obst ist im Vergleich zu anderen Früchten eher durchschnittlich - zum Thema Vitamine siehe auch Kapitel 17.6.

Gelegentlich wird Steinobst als giftig für Kaninchen bezeichnet. Dazu gehören unter anderem Kirsche, Mirabelle, Pfirsich, Aprikose und Pflaume. Dies gilt jedoch nur für die Kerne der jeweiligen Sorte - sie bilden den Schutz für den Samen und enthalten die Substanz Amygdalin, die in Gegenwart von Wasser und dem Enzym Amygdalase in Traubenzucker und Mandelsäurenitrilglukosid gespalten wird. Letzteres zerfällt durch den Einfluss weiterer Enzyme letztlich in Cyanid bzw. Blausäure. Dazu müsste jedoch erst einmal der Kern geknackt werden - und dazu ist die Magensäure nicht in der Lage. Außerdem wäre eine relativ große Menge Kerne nötig, um eine tödliche Dosis zu erhalten. In Blättern und Ästen der Bäume findet sich das Amygdalin jedoch nicht.

Bild 91: Apfel, Größe und Gewicht

Bild 92: ein Achtel Stück Apfel und Zuckergehalt

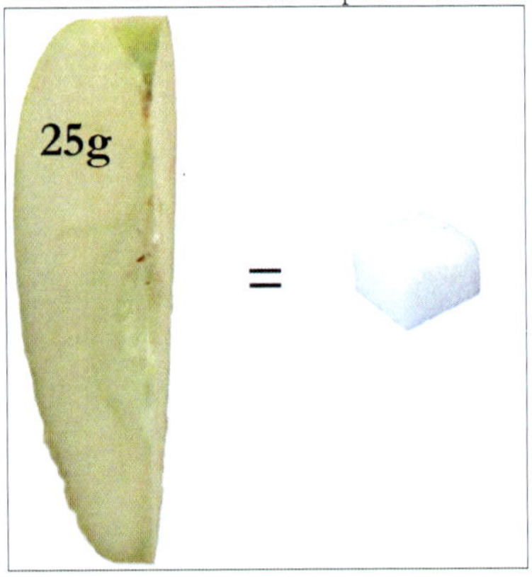

Bild 93: Karotte, Größe und Gewicht

Bild 94: Karotte und Zuckergehalt

18.3 Raufutter (Heu)

In den Anfängen der Kaninchenhaltung wurden die Tiere bei den Römern in sog. Leporarien gehalten, aus denen im Mittelalter die Lapinieren entwickelt wurden. Hier stand ihnen natürliches Futter zur Verfügung - vergleichbar mit Weidehaltung. Später hielt man sie unter anderem als so genannte "Kuhhasen" gemeinsam mit Nutzvieh wie z.B. Rindern in Ställen. Als Nahrung diente das Futter, dass dem Vieh vorgelegt wurde: also Weidegras, Heu und Stroh. Die Kaninchen suchten sich aus, was sie brauchten. Zusätzlich erhielten sie Küchenabfälle, Getreide usw.. Wahrscheinlich stammt aus dieser Zeit die Überzeugung, dass Heu und Stroh als Grundfutter für Kaninchen ausreichend wäre. Zudem ist es ein einfach zu beschaffendes, zu lagerndes und zu verabreichendes Futtermittel.

Nach [*Schlolaut 1997*] zählt das Kaninchen zu den wenigen Haustierarten, bei dem eine nicht artgerechte und an die Bedürfnisse angepasste Fütterung zu Leistungsverschlechterungen geführt hat.

In der späteren Kaninchenzucht wurde ab ca. 1953 pelletiertes Trockenfutter eingeführt, welches die Tiere auf einfache Weise mit allen lebensnotwendigen Nährstoffen versorgen sollte. Heu und Stroh wurde zur freien, ständigen Verfügung (ad libitum) gereicht und diente als Beschäftigung. Aus dieser Notnahrung und Beschäftigungsmaterial wurde mit zunehmender Haltung als Heimtier ein Hauptfutter.

Heute wird Heu erstaunlicherweise oft als das "Brot" der Kaninchen bezeichnet und als Hauptnahrung empfohlen. Dabei isst nicht einmal der Mensch getrocknetes Brot als Grundnahrung - warum sollte das dann für seine Kaninchen gelten?! Durch die Konservierung, also Trocknung des frischen Gras zu Heu, gehen über 50% der Nährstoffe verloren - und zwar durch den Verlust der blättrigen Bestandteile. Durch die Lagerung gehen noch einmal monatlich 5 - 8% der Nähr- und Wirkstoffe verloren. [*Lackenbauer 2001*]

Man muss nicht über eine Ausbildung als Agrartechniker verfügen oder ein Ernährungsspezialist sein um zu wissen, dass die Trocknung und längere Lagerung von Nahrungsmitteln diese für eine optimale Ernährung immer wertloser macht.

Heu ist meist eine große Unbekannte - außer über Aussehen und Geruch lässt sich über die Zusammensetzung nicht viel sagen. Mit werbewirksamen Begriffen wie "Bergwiesenheu" wird ein Heu bester Güte und Zusammensetzung suggeriert - nachvollziehbar ist dies jedoch nicht. Es ist nichts über die Böden bekannt, auf denen die Pflanzen wuchsen und geerntet wurden. Ebenso wenig ist über das Trocknungsverfahren (Boden-, Reuter- oder künstliche Trocknung), den Transport und die Lagerung des gepriesenen Grundnahrungsmittels bekannt. Über das selbst gesammelte Grün weiß man mehr als über das Heu - und diese große "Unbekannte" soll als Nahrungsgrundlage dienen?

Zwei Gründe werden oft als Hauptargumente für Heu als Grundnahrung angeführt:
1. der notwendige Zahnabrieb und
2. der positive Einfluss auf die Darmflora bzw. Verdauung durch die Rohfaser.

Ersteres ist zwar grundsätzlich richtig, jedoch zu einseitig und trifft nicht nur für das Heu zu. Der Zahnabrieb wird genauso durch "weiches" Futter gewährleistet, wenn die Kautätigkeit nur oft und lange genug gewährleistet ist. "Je länger die Tiere mit der Futteraufnahme (Abbeißen, Kauen, Zer-

mahlen) beschäftigt sind, um so günstiger ist dies auch für die Zahnabnutzung (Zähne nutzen sich nur aneinander, und nicht am Futter ab)." [*Kamphues 2004a*]
Zu Zweitens muss man sich fragen, wie Wildkaninchen ihre Darmflora pflegen, ist doch ihre Nahrung weitaus weniger rohfaserhaltig. Die schnelle Darmpassage basiert bei ihnen auf der Tatsache des hohen Wassergehaltes der Nahrung, der sie zwingt relativ viel zu fressen, um satt zu werden.

Heu ist im Vergleich zu frischem Saftfutter auf Grund der Trocknung ein "Konzentrat", das heißt, Mineralien wie Calcium und schwer verdauliche Cellulose liegen im Vergleich zur gleichen Menge Frischesubstanz angereichert vor. Wichtige Nährstoffe und Vitamine gehen bei der Heuwerbung z. B. durch Bröckelverluste der blättrigen Bestandteile verloren.

Die Qualität des Heus in Bezug auf die Nährstoffe wird wesentlich durch den Erntezeitpunkt bestimmt: der Rohfasergehalt steigt mit dem Alter an, der Rohproteingehalt sinkt hingegen ab. Ein hoher Rohfasergehalt wie im Heu verringert auch deshalb die Verdaulichkeit anderer Nährstoffe, weil die Zellwände durch die Fermentierung im Darm erst aufgeschlossen werden müssen, was jedoch bei weitem nicht so effektiv wie z.B. bei Wiederkäuern funktioniert. Dies zeigen verschiedene Verdaulichkeitsuntersuchungen. [*Schlolaut 2003*]

Tabelle 14: Futterwerte von Saftfutter und Heu im Vergleich aus [Schlolaut 2003]

	Gras, Wiese uS	**Gras, Wiese uS**	**Wiesenheu, geringe Qualität**	**Wiesenheu, mittl. Qualität**	**Wiesenheu, sehr gute Qualität**	**Luzerne v. d. Blüte uS**	**Luzerneheu v. d. Blüte, getr.**	**Rotklee uS**	**Rotklee, künstl. getrocknet**
Trockensubst. TS [%]	25,0	20,0	89,3	85,5	87,6	21,5	90,2	19,7	87,3
Rohprotein, Rp [%]	3,0	3,5	8,4	10,0	13,6	4,5	16,1	2,8	13,2
Rohfett, Rfe [%]	0,8	0,8	2,1	2,5	3,0	0,9	2,3	0,8	2,9
Rohfaser, Rfa [%]	6,0	4,0	29,1	25,0	23,5	5,3	25,2	3,3	20,8
verd. Rohprotein [%]	75	62	53	55	50	86	70	77	85
verd. Rohfett [%]	60	26	51	51	45	70	50	73	77
verd. Rohfaser [%]	35	26	19	22	33	54	28	65	55
verd. Energie [MJ]	2,93	1,68	6,41	6,58	7,24	2,80	8,49	2,41	10,8

verd. = verdaulich
uS = ursprüngliche Substanz (Frischesubstanz)

Um ein Gramm Trockensubstanz aus verschiedenen Futtermitteln aufzunehmen, benötigen Zwergkaninchen folgende Zeiten [*Wolf et al. 1997*]:

Heu (später Schnitt):	12,2 min
Heu (früher Schnitt):	4,72 min
Heubriketts:	2,30 min
Gras:	6,84 min
Mischfutter, pelletiert:	1,40 min

Die älteste und nach wie vor gebräuchliche Form der Graskonservierung ist die Bodentrocknung. Hierbei wird das Schnittgut bei optimalen Bedingungen 2- 3 Tage auf dem Boden bis zu einer Lagerfeuchte von <16% getrocknet.

Durch unterstützende Maßnahmen wie Wende- und Schwadarbeiten als auch witterungsbedingt kommt es dabei zu Konservierungsverlusten. Insbesondere die Bröckelverluste durch das Wenden sind sehr hoch und betreffen die besten Pflanzenteile, vor allem die Blätter von Kräutern leiden deutlich. Dadurch gehen dem künftigen Futter, wie bereits beschrieben, über 50% der ursprünglichen Nährstoffe verloren.

Die meisten Nährstoffe sind in den Blättern enthalten (60% Energie, 75% Protein). Der optimale Schnittzeitpunkt ist daher kurz vor Beginn der Gräserblüte. Ist die Witterung ungünstig (Nässe, Kälte), kann die Trocknungsdauer auf mehr als das doppelte ansteigen, was die Gefahr des Befalls mit Pilzen und Bakterien zur Folge hat. Ab Wassergehalten von <15% ist die Grundlage für deren Aktivität weitgehend entzogen. [*Boberfeld 1994*]

Alternative Trocknungsverfahren sind die Gerüst- und Belüftungstrocknung, denen eine Bodentrocknung vorausgeht - sowie die Heißlufttrocknung. Letztere, ein etwas aufwendigeres Trocknungsverfahren, liefert die besseren Qualitäten und bildet wiederum die Vorstufe für das Mahlen des Heus zu Grünmehl.

Die Bewertung des Heus erfolgt nach einem Bewertungsschlüssel, der sich wie folgt zusammensetzt [*Boberfeld 1994*]:

- Bestandszusammensetzung (Leguminosen wie z.B. Kleesorten werden am höchsten bewertet, gefolgt von Kräutern und mit weitem Abstand Gräser. Für giftige Pflanzen gibt es Abzüge.)
- Prüfung und Punktbewertung der Farbe, Geruch, Griff und Verunreinigungen mittels der Sinne, also die Bewertung des Konservierungserfolges
- Aufwuchs und Schnitttermin mit der Wichtung des Schnittzeitpunktes für den ersten Aufwuchs. Damit werden Nährstoffkonzentration und Konservierungseigenschaften bewertet.

Weitere Bewertungen können durch Laboruntersuchungen und Fütterversuche unternommen werden. Das Schnittgut sollte nach einer ausreichenden Vortrocknung mindestens weitere 6 Wochen locker, kühl und trocken gelagert werden, bevor es verfüttert wird. Im Heu entwickeln sich nach der Einlagerung Gärprozesse, die vom Wassergehalt, Pflanzenart und -alter, Trocknungsdauer und der Dichte des eingelagerten Gutes abhängig sind. Diese werden durch pflanzeneigene Enzyme ausgelöst und sind abhängig vom Trocknungsgrad verschiedener Pflanzenbestandteile, insbesondere der feuchten Stängel und dem Erwärmungsgrad. Hierbei unterscheidet man zwischen Normalgärung (bei <45°C durch pflanzeneigene Enzyme), Übergärung (45°C - 60°C) und Überhitzung (>60°C). [*Boberfeld 1994*]

Neben den Qualitätsverlusten durch unzureichend trocken eingelagertes Schnittgut und der Erwärmung kann es bei Verfütterung durch die Gärung und damit verbundener Gasbildung im Verdauungstrakt der Tiere u. a. zur "Trommelsucht" (Blähbauch) kommen. Durch die Übergärung und Überhitzung wird das Heu gelbbraun.

Bild 95: Heutrocknung

Bild 96: Schwadarbeiten - Die Staubentwicklung lässt erahnen, wie stark die mechanische Belastung des Erntegutes ist

Bild 97: Heuballen vor der Einlagerung

Hat der Halter die Möglichkeit, kann er Heu relativ einfach selber "herstellen". Wird die tägliche Schnittmenge des Grünfutters erhöht, kann überschüssiges Grün auf Rahmengestellen, die mit engmaschigem Drahtzaun bespannt (Hühnerdrahtzaun) und übereinander gestapelt werden, trocknen. Hierdurch ist eine Platz sparende Trocknung auch auf Balkonen oder Terrassen möglich.

Bild 98: Gestell für die Trocknung von Grün

Bild 99: Skizze der Rahmen

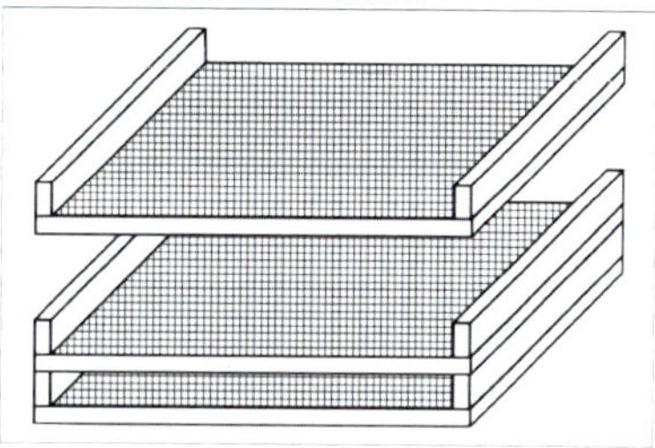

Der Vorteil der eigenen Heubereitung ist schon visuell sehr deutlich.

Bild 100: Selbst erzeugtes im Vergleich zu einem sehr gutem, kommerziellen Heu

In der linken Hälfte von Bild 100 sieht man selbst getrocknetes Grün, in der rechten ein sehr gutes und sehr teures Heu. Es ist deutlich zu erkennen, dass im kommerziellen Heu die eigentlichen Nährstoffträger - die Blätter - so gut wie nicht mehr vorhanden sind. Der Vergleich mit einem handelsüblichen, preiswerten Heu fällt noch drastischer aus.

Auf Grund der hohen Nährstoffverluste bei der Heuwerbung wird heute in der Viehfütterung überwiegend Heusilage genutzt, ein durch Milchsäuregärung gekennzeichnetes Konservierungsverfahren.

18.4 Trockenfutter

Wir werden oft gefragt, warum wir unseren Kaninchen noch Trockenfutter zufüttern. Der Grund ist recht einfach: Die Nahrung für unsere Tiere suchen wir aus - nicht die Tiere. Wir kennen ihren augenblicklichen Bedarf an bestimmten Nährstoffen jedoch nicht. Es kann also durchaus sein, dass sie entsprechend ihrer Verfassung gerade eine bestimmte Substanz benötigen, die im vorgelegten Futter nicht enthalten ist. In einem Alleinfuttermittel sind alle nötigen Nährstoffe enthalten und werden bei Bedarf aufgenommen. So verringert sich das Risiko eines Mangels. Es ist nötig, Trockenfutter nach ihrer Form, Konsistenz und Zusammensetzung von Inhaltsstoffen zu beurteilen, des Weiteren vor allem nach der zu fütternden Menge, dem Tier (Körpermasse) und Haltungsbedingungen (Winter, Außenhaltung). Der große Universalgelehrte des Mittelalters, Theophrastus Aureolus Bombastus von Hohenheim, genannt Paracelsus, ist unter anderem durch folgende Aussage unsterblich geworden:

"All Ding' sind Gift und nichts ohn' Gift; allein die Dosis macht, dass ein Ding kein Gift ist."

Dies sollte beim Studium und der Interpretation der Inhaltsangaben, der sog. Deklaration von Futtermitteln (Kapitel20), beachtet werden. Fertigfuttermischungen für Kaninchen gibt es auf dem deutschen Markt seit 1953. [*Schley 1985*] Benötigt wurden sie vor allem für die Fütterung der Tiere in Mastanlagen und für die Zucht mittelgroßer und großer Rassen. In der später folgenden Heimtierhaltung kleiner Zwergrassen wurde das hochenergetische Fertigfutter ebenso wie in der Mast ad libitum gefüttert, was die Häufung von Darmkrankheiten bei diesen Tieren erklärt. Zudem bestehen viele Fertigfutter aus so genannten Pellets - fein vermahlenen Komponenten ohne Struktur, die eine lange Darmpassage zur Folge haben und somit den Nährboden für Bakterien bilden, die im Darm siedeln. Die Auswahl aus den angebotenen Futtermitteln setzt entweder hinreichend Erfahrung oder gute Kenntnisse der jeweiligen, in den Mischungen enthaltenen Komponenten voraus. Letztendlich entscheidet natürlich noch die verabreichte Menge über Schädlichkeit oder Nutzen. Mittlerweile wird, auch von Tierärzten, der völlige Verzicht auf Trockenfutter propagiert. Dies kann fatal sein, wenn im Gegenzug zu einer fast ausschließlichen Heufütterung geraten wird. So gelangen die Tiere von einem Fütterungs-Extrem in das andere. Heute gibt es unzählige verschiedene Fertig- bzw. Trockenfutter, z.B.:

- Trockenfutter (Pellets) für Mast und Zuchttiere, Getreidehaltige und -freie Trockenfutter
- so genanntes "Buntfutter" aus verschiedenen getrockneten Komponenten
- Strukturfutter
- Nagerrollen,
- so genannte "Cobs" aus Heu oder Stroh
- loses Trockenfutter in Tierhandlungen für eigene Mischungen
- Dropse usw.

So genannte Pellets sind Trockenfutter, die in einem speziellen Verfahren hergestellt werden. Die Bestandteile werden gemahlen, durch Dampf befeuchtet und durch eine Matrize gedrückt, die viele Kanäle enthält. Hinter dieser Matrize werden die Stränge auf die gewünschte Länge geschnitten. Durch die anschließende Kühlung entweicht die Feuchtigkeit bis auf einen Gehalt von ca. 12 - 13%. Aus Gründen der Verarbeitbarkeit (Konsistenz) werden hierbei die Komponenten entsprechend gewählt und zusätzlich zum Beispiel Stärke und/oder Melasse zugefügt. Diese dienen quasi als Klebemasse, die die Bestandteile zusammenhalten.

Bild 101: Struktur-Trockenfutter

Bild 102: Pellets

Mit dem Wissen um die Bedürfnisse an Nährstoffen können die Mischungen so hergestellt werden, dass z.B. Alleinfuttermittel alle nötigen Bestandteile enthalten. Die Fütterung mit diesen Pellets wird vor allem aus Wirtschaftlichkeitsgründen in der Masttierhaltung und der Kaninchenzucht praktiziert. Zu fein vermahlene Bestandteile der Pellets begünstigen jedoch verschiedene Darm- und andere Krankheiten, wenn die Partikelgröße < 0,3 mm ist. Besonders das Fehlen einer strukturierten Rohfaser macht sich schnell negativ bemerkbar. Des Weiteren kann die hohe Nährstoffkonzentration in Verbindung mit einer zu geringen Partikelgröße die Entwicklung der Erreger von Erkrankungen der Verdauungsorgane wie z.B. Coli-Bakterien, Clostridium perfringens und Kokzidien fördern. Durch die feine Vermahlung der Komponenten entsteht im Verdauungstrakt ein Nahrungsbrei der aus hochverdaulichen, feinen Bestandteilen besteht. Dies führt zu schneller Sattheit und daraus folgendem, fehlendem Nachschub nur langsam weitertransportiert wird und den Nährboden für pathogene Keime bildet. Die Angabe eines hohen Rohfasergehaltes täuscht in diesem Fall, da die Fasern zu kurz und somit wenig strukturiert sind.

Die Fütterung energiereicher Pellets kann vor allem für größere Rassen mit einer Masse > 3 kg nötig sein. Doch auch solche Tiere können mit einiger Kenntnis und Erfahrung durchaus mit natürlichem Futter gesund ernährt werden.

Ein großer Nachteil der Pellets ist die fehlende Möglichkeit, bestimmte Nährstoffe entsprechend der aktuellen Stoffwechsellage gezielt aufzunehmen, da die Zusammensetzung stets gleich ist. Es fehlt also die Möglichkeit der Auswahl entsprechend des körperlichen Befindens. Pellets gibt es als Alleinfuttermittel, als so genanntes Starterfutter für die Jungtieraufzucht, als Futter für laktierende (säugende) Häsinnen, als Ergänzungsfutter und für weitere Einsatzzwecke. Wenn Pellets gefüttert werden, sollten die enthaltene Rohfaser nicht zu fein vermahlen sein (Mindestlänge der Rohfaser 0,3 mm).

Eine wesentlich bessere Alternative bilden Struktur-Trockenfutter, die aus getrockneten, natürlichen Komponenten bestehen. Besonders in Internetforen für Halter, die oft von "Tierschützern" betrieben werden, wird über die Schädlichkeit von bestimmten Inhaltsstoffen geschrieben bzw. erklärt, dass sie Nebenprodukte der Herstellung von bestimmten Erzeugnissen seien und somit im Magen des Kaninchens nichts zu suchen hätten. Besonders beliebt ist das Argument, dass Kaninchen nicht mit Trockenfutter ernährt werden sollen, weil sie es in der Natur auch nicht finden würden. Dieses

Argument ist bei genauerer Betrachtung der heute üblichen und oft empfohlenen Fütterung mit Heu und Gemüse nicht sehr sinnvoll. Wenn jemand kein Trockenfutter füttert, weil er sein Tier **vollkommen artgerecht** ernährt, ist das sicher kein Problem. Heu findet ein Kaninchen in der Natur nur in der Vegetationsruhe und frisst es auch nur bei Mangel an frischem Grün - keinesfalls aber als Hauptnahrung. Der Blinddarmkot hilft ihm, diese Notzeit relativ problemlos zu überstehen. Gemüse steht ebenso nur einen begrenzten Zeitraum zur Verfügung und wird vom Kaninchen, wenn überhaupt, nur in geringen Mengen gefressen. Das heißt, der Mensch zwingt die Tiere zum Fressen von Nahrung, die sie normalerweise wenig bzw. selten fressen würden.

Wenn durch diese Fütterung ein Mangel für das Tier erzeugt wird, muss dieser ausgeglichen werden. Wer nicht in der Lage ist, artgerechtes Grünfutter in ausreichender Menge bereitzustellen, muss den Mangel mit Futter, das entsprechende, fehlende Stoffe enthält, ausgleichen. Viele Komponenten in Alleinfuttermitteln enthalten wertvolle Bestandteile, auf die das Kaninchen nun einmal angewiesen ist - und die mit Heu und Gemüse nicht zur Verfügung stehen. Dazu gehören essentielle Amino- und Fettsäuren, Vitamine und nicht zuletzt wertvolle Proteine.

Ausdrücklich muss betont werden, dass zu diesen Futtermitteln nicht die so genannten "Leckerlis", Dropse, Knabberstangen oder Ergänzungsfutter ohne Inhaltsangabe zählen, die keine Bereicherung der Nahrung darstellen, sondern eher Quellen für Krankheiten und Übergewicht darstellen.

Alle Futtermittel, die keine Angaben zu Inhaltstoffen und Zusammensetzung enthalten, sollten strikt gemieden werden.

Unsere Empfehlung zur Ergänzung bei nicht artgerechter Fütterung ist deshalb ein qualitativ hochwertiges, strukturiertes Alleinfuttermittel in geringen Mengen von ca. 2 - 3 Esslöffeln pro Tag für ein Tier, welches 2 kg wiegt. Idealerweise besteht es nicht aus Pellets, sondern aus natürlichen, getrockneten Komponenten. Es sollte keinen Weizen enthalten und es sollte in der Zusammensetzung nicht nur die Bezeichnung "Getreide" aufgeführt sein. Alle anderen, angeblich "schädlichen" Bestandteile stellen für die angegebene, zu fütternde Menge, kein Problem dar.

Ungefähre Gewichte für die Angabe "Esslöffel":

1 Esslöffel strukturiertes Trockenfutter:	ca. 6g
1 Esslöffel Pellets:	ca. 13g

Gern wird z.B. als negatives Argument auf den Zuckergehalt in Trockenfuttern hingewiesen. Dabei sollte aber bedacht werden, dass der Anteil des Zuckers, meist durch Melasse eingebracht, bei ca. 0,5% - 1% liegt. Im Heu enthaltenes Welsches oder Deutsches Weidelgras schlägt dagegen mit 16,1 bzw. 10,6% Zucker in der Trockenmasse zu Buche. [*Nussbaum 2008*]

Über den Anteil dieser Gräser im Heu kann selten eine Angabe gemacht werden, so dass man nur raten kann, wie viel Zucker denn nun im Heu enthalten ist. Im schlechtesten Fall liegt er deutlich über 10%, da der Anteil stickstofffreier Extraktstoffe (also der Kohlenhydrate) im Heu zwischen 39 - 43% liegt, wobei hier noch die Zellulose abgezogen werden muss (siehe auch Kapitel 16).

18.5 zusätzliche Futterkomponenten

18.5.1 Salzleckstein

Er wird immer wieder kontrovers diskutiert. Fakt ist, dass viele Herbivoren einen besonderen Drang zu Salzquellen zeigen. Natriumchlorid ist in frischen Pflanzen nur in geringen Mengen enthalten - vielleicht ist das ein Grund dafür, dass sich an salzreichen Futterquellen besonders viele Pflanzenfresser einfinden, während Fleischfresser dort nur zu finden sind, um leichte Beute zu machen - sie decken ihren Salzbedarf über die Beutetiere. Es ist uns beim Quellenstudium bisher kein dokumentierter Fall bekannt geworden, der einen Salzleckstein als Ursache für eine bestimmte Krankheit nennt. Fakt ist aber auch, dass der von uns zur Verfügung gestellte Salzleckstein nicht genutzt wird.

18.5.2 Äste, Laub

Äste von verschieden Laub- und Nadelhölzern sind eine willkommene Möglichkeit zur Befriedigung des Nagetriebes und eine Ergänzung zur Fütterung, da manche frische Hölzer offensichtlich Stoffe enthalten, die sehr begehrt sind. Da auch hier die Vorlieben der Tiere verschieden sind, können keine pauschalen Angaben gemacht werden. Blätter und Äste von Akazie (Robinie), Weißbuche, Esche, Espe, Roteiche, Rotbuche, Birke, Ahorn, Linde, Weide und Eiche können das Angebot ebenso bereichern wie die von Fichte, Tanne und Kiefer. Auch Äste und Laub von Obstbäumen werden gemocht - dazu zählen Quitte, Mispel, Apfel, Birne und Kirsche.

Bild 103: Äste, z. B. von der Korkenzieherweide, bieten eine willkommene Abwechslung im "Speiseplan"

Bild 104: Haselnusszweig-Liebhaber…

Bild 105:…Kein Nahrungskonkurrent

19 Rationen

Grundsätzlich sollte dem Kaninchen Heu, Stroh und Wasser ständig zur freien Verfügung stehen - wobei Heu und Stroh nicht als Hauptnahrung dienen sollte. Idealerweise wird in der Vegetationszeit reichlich frisches Gras und Kräuter von Wiesen angeboten. Für Kaninchen von Haltern, die das nicht bieten können (wollen), dienen Gemüse, frische Kräuter und gelegentlich etwas Obst als Nahrungsergänzung - auch wenn dies als nicht gleichwertig zur natürlichen, artgerechten Nahrung zu sehen ist. Die Zusammensetzung der ergänzenden Futtermittel sollte immer abwechslungsreich sein - und zwar täglich. So kann sich das Tier selbst die benötigten Komponenten auswählen, die den Bedarf mit bestimmten Nährstoffen decken.

Mengen abzuwiegen ist wenig sinnreich, denn
1. sollte dem Kaninchen immer ausreichend Auswahl zur Verfügung stehen und
2. sollte Futter nie alle werden, auch die ergänzenden Komponenten nicht.

Im Winter sollten es immer 4 - 6 verschiedene Gemüsesorten sein, die zur Auswahl stehen, zusätzlich frische Kräuter. Als Blattfresser bevorzugen sie das Grüne vom Gemüse: also Möhrenkraut, Kohlrabiblätter, Sellerie - außerdem Feldsalat, Rucola und anderes. Wenn im Sommer ausreichend frisches Grün von der Wiese angeboten wird, gehen die gefressenen Mengen an Heu und Gemüse deutlich zurück. Gelegentliche Gaben kleiner Mengen von Sonnenblumenkernen oder Hafer können das Angebot zusätzlich erweitern und vor allem bereichern.

Die abwechslungsreiche Kost, die ständig zur Verfügung steht, verhindert unter anderem
- Stress (ständige Suche nach Nahrung)
- Überfressen (wenn nach längerer Zeit etwas besonders Schmackhaftes gereicht wird)
- Nährstoffmangel (durch einseitige Fütterung) und so weiter.

So genannte "Heutage", also Tage, an denen ausschließlich Heu gefüttert wird, sind aus ernährungsphysiologischer Sicht völlig sinnfrei und eher geeignet, einen vielleicht schon bestehenden Nährstoffmangel zusätzlich zu verstärken. Frisches Gemüse kann problemlos 24 Stunden zur Verfügung stehen, ohne das etwas davon so schlecht wird, dass es nicht mehr genießbar wäre. Ernährungstabellen oder Fütterpläne machen nicht wirklich Sinn - sie bergen die Gefahr, dass man sich zu strikt an sie hält und sind sie fehlerhaft, manifestiert sich sehr schnell ein Mangel.

19.1 Gedanken zur Ernährung

Liest man verschiedene Fachbücher, so findet man immer wieder die gleichen Aussagen und Feststellungen zur Zusammensetzung des Futters für Kaninchen. Tierärzte und Dozenten an Hochschulen folgen diesen Vorgaben ebenso wie Züchter und Forenbetreiber. Es gilt heute als ein fester Glaubensgrundsatz, dass die Ration mindestens 16% Rohfaser, 10% Rohprotein usw. enthalten sollte, um sich an gesunden Tieren erfreuen zu können. Heu, Heu und nochmals Heu lautet also die Grunddevise der Kaninchenfütterung - ergänzt durch Gemüse und Wasser.

Für uns gibt es aber leider einen Widerspruch als Haar in der Suppe: die Nahrung der Wildkaninchen und die unserer Tiere, die sich dabei bester Gesundheit erfreuen. Nichts liegt uns ferner, als die jahrzehntelange Forschungsarbeit von Doktoren, Professoren, Futtermittelherstellern und Züchter in Frage zu stellen. Deswegen soll das Folgende eher Denkanstöße liefern als ein Schwimmen gegen den Strom sein.

Beim Quellenstudium fällt als erstes auf, das Ergebnisse zur Ernährung von Kaninchen aus Untersuchungen stammen, die fast ausschließlich mit industriellem Fertigfutter und/oder Heu gewonnen wurden. Selten ist einmal Grünfutter dabei - und wenn, dann nur eine Sorte (z. B. Klee oder Luzerne). Das ist auch zweckmäßig, da Versuche immer mit möglichst gleichen Ausgangswerten stattfinden müssen, um reproduzierbare Ergebnisse zu erhalten. Das heißt, diese Versuche müssen bei einer Wiederholung möglichst wieder die gleichen Ergebnisse liefern. Als zweites fällt auf, dass es sich bei den gewonnen Erkenntnissen aus Labor- oder Zuchtversuchen mit mittelgroßen Tieren handelt. Man erfährt dazu, dass diese Kaninchen gar nicht artgerecht ernährt werden können, da sie nicht die Menge an Grünfutter aufnehmen können, die sie brauchen. Das ist soweit auch richtig - trifft aber eben nur auf mittelgroße bzw. große Rassen zu - und in diesem Fall für eine Fütterung mit Heu noch sehr viel mehr.

Das Bild 106 auf Seite 80 zeigt einen einfachen Vergleich gängiger Futtermittel. "Gehalt & Struktur der Rohfaser" in den Futtermitteln sollen stark vereinfacht und sinnbildlich zeigen, woran es dem industriellen, pelletiertem Fertigfutter mangelt: nämlich an strukturierter Rohfaser. Durch die Herstellung des Futters werden die Stützelemente der Pflanzen klein gemahlen. Um noch die Funktion eines Ballaststoffes zu erfüllen, muss eine entsprechend große Menge dieses "Rohfaser-Brei" vorhanden sein. Diese kann man in Versuchen ermitteln - und hat als ideal 14 - 16% herausgefunden.

Das Heu eine diätische Wirkung hat ist unbestritten, jedoch ist der Rohfaseranteil hier wiederum so hoch, dass er der Verwertung von Nährstoffen eher im Wege steht und die Aufnahme limitiert. Deswegen wird Heu auch von einigen eher als Notnahrung betrachtet bzw. dem Vertreib von Langeweile dienlich. Als ein wesentlicher Nachteil muss die Unkenntnis über die Zusammensetzung des Heus und somit dessen Nährstoffgehalt gesehen werden. Gesichert ist, dass der Verlust von Nährstoffen bei der Heuwerbung bis zu über 50% betragen kann. Dazu zählen Aminosäuren, ungesättigte Fettsäuren, Vitamine und leicht verdauliche Proteine.

Über eine lange Zeit des Jahres frisst das Wildkaninchen Nahrung, deren Rohfasergehalt weit, weit weg von den empfohlenen 16% ist. Theoretisch müssten sie ganzjährig an Durchfällen und Elefantenzähnen leiden. Warum ist dies nicht der Fall? Multifaktorelle Krankheiten wie EC oder ME kennen sie nicht. Der Tod ereilt sie meist entweder durch Beutegreifer oder durch Myxomatose und RHD. Eigentlich kann dies nur eines bedeuten: ihre Nahrung ist für sie ideal und sollte somit auch den Hauskaninchen als Grundnahrung dienen.

Bild 106: Vergleich verschiedener Futtermittel

Trockenfutter - Pellets

Feuchtigkeit: < 14%

Rohfasergehalt: 12 – 28%
Rohprotein: 10 – 15%
Rohfett: 2 – 3%
Calcium: 0,8 – 1,5%

Nährstoffgehalt: 100%

Zusammensetzung:
bekannt

Gehalt & Struktur der Rohfaser:

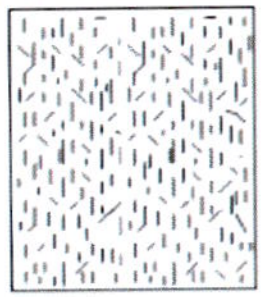

Grünfutter

Feuchtigkeit: > 75%

Rohfasergehalt: 4 – 6%
Rohprotein: 3 – 4%
Rohfett: 0,8 – 1%
Calcium: 1 – 4%

Nährstoffgehalt: 100%

Zusammensetzung:
bekannt

Gehalt & Struktur der Rohfaser:

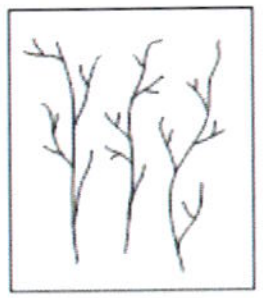

Heu

Feuchtigkeit: < 15%

Rohfasergehalt: 18 – 35%
Rohprotein: 6 – 20%
Rohfett: 2 – 5%
Calcium: 4,5 – 13%

Nährstoffgehalt: 30 – 50% niedriger als im Trocken- oder Grünfutter

Zusammensetzung (kommerziell):
unbekannt

Gehalt & Struktur der Rohfaser:

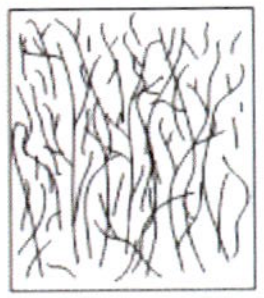

20 Futtermittel-Deklaration

Sehr oft stellt sich die Frage, was sich eigentlich hinter den Angaben über die Zusammensetzung von Futtermitteln verbirgt. Auf Grund deutscher Gesetze, die auch Vorgaben und Richtlinien des Europäischen Parlaments berücksichtigen, sind Futtermittelhersteller verpflichtet, bestimmte Informationen über Inhaltsstoffe und Zusammensetzung auf den Verpackungen der Futtermittel mitzuliefern.

Kaninchen genießen in Deutschland wenig rechtlichen Schutz: für sie gibt es kaum Vorgaben zu Haltung oder Ernährung. Wahrscheinlich trägt auch dies dazu bei, dass haltungs- und fütterungsbedingte Krankheiten sowohl in der Zucht als auch in der Heimtierhaltung zunehmen, denn viele Halter sind nur unzureichend informiert.

In der Futtermittelverordnung FuttMV sind in §1 Begriffsbestimmungen, Abschnitt 1, grundlegende Begriffe erläutert:

" § 1 Begriffsbestimmungen
(1) Im Sinne dieser Verordnung sind

1. Alleinfuttermittel: Mischfuttermittel, die dazu bestimmt sind, allein den Nahrungsbedarf der Tiere zu decken;
2. Ergänzungsfuttermittel: Mischfuttermittel, die einen gegenüber einem Alleinfuttermittel für die jeweilige Tierkategorie höheren Gehalt an bestimmten Stoffen, insbesondere Inhalts- oder Zusatzstoffen, aufweisen und die auf Grund ihrer Zusammensetzung dazu bestimmt sind, in Ergänzung anderer Futtermittel den Nahrungsbedarf der Tiere zu decken;
3. Melassefuttermittel: Ergänzungsfuttermittel, die unter Verwendung von Melasse hergestellt sind und mindestens 14 vom Hundert Gesamtzucker, berechnet als Saccharose, enthalten;
4. Mineralfuttermittel: Ergänzungsfuttermittel, die überwiegend aus mineralischen Einzelfuttermitteln zusammengesetzt sind und mindestens 40 vom Hundert Rohasche enthalten;
5. Milchaustauschfuttermittel: Mischfuttermittel, die dazu bestimmt sind, unverändert oder mit Flüssigkeit zubereitet an Mastkälber oder, in Ergänzung oder als Ersatz der postkolostralen Muttermilch, an andere Jungtiere verfüttert zu werden;
6. Tagesration: Gesamtmenge der Futtermittel, die ein Tier einer bestimmten Art, Altersklasse und Leistung täglich im Durchschnitt benötigt, um seinen gesamten Nährstoffbedarf zu decken, bezogen auf einen Feuchtigkeitsgehalt von 12 vom Hundert;
7. Inhaltsstoffe: Stoffe – außer Futtermittel-Zusatzstoffen, Mittelrückständen und unerwünschten Stoffen –, die in einem Einzelfuttermittel oder Mischfuttermittel enthalten sind und seinen Futterwert beeinflussen, es sei denn, dass diese Beeinflussung nur unerheblich ist;
8. Mindesthaltbarkeitsdatum: das Datum, bis zu dem das Mischfuttermittel unter angemessenen Aufbewahrungsverhältnissen die seine Qualität bestimmenden Eigenschaften behält;
9. Heimtiere: Tiere von Arten, die üblicherweise von Menschen gehalten, aber nicht verzehrt werden, ausgenommen Tiere, die der Pelzgewinnung dienen; [...]"

Weiterhin ist beschrieben, wie Futtermittel zu bezeichnen sind:

"§ 12 Bezeichnung von Mischfuttermitteln
(1) Aus der Bezeichnung muss hervorgehen, ob das Mischfuttermittel als Alleinfuttermittel, Ergänzungsfuttermittel, Mineralfuttermittel, Melassefuttermittel, Milchaustausch-Alleinfuttermittel oder Milchaustausch-Ergänzungsfuttermittel bestimmt ist und für welche Tierart oder Tierkategorie es verwendet werden soll....Bei Mischfuttermitteln für Heimtiere, ausgenommen Hunde und Katzen,

kann die Bezeichnung "Alleinfuttermittel" oder "Ergänzungsfuttermittel" durch die Bezeichnung 'Mischfuttermittel' ersetzt werden; in diesem Fall gelten die Vorschriften für die Kennzeichnung von Alleinfuttermitteln entsprechend."

Zur Kennzeichnung der Futtermittel bezüglich der Inhaltstoffe gibt es keine Vorgabe, da der entsprechende Paragraph nur für alle Tierarten gilt: "[...] ausgenommen andere Heimtiere als Hunde und Katzen [...]". Werden jedoch Angaben zu den Inhaltsstoffen gemacht, so sind diese gemäß § 14 aufzuführen:

"§ 14 Zusätzliche Angaben bei Mischfuttermitteln

...

(4) Werden bei Mischfuttermitteln für Heimtiere, ausgenommen für Hunde und Katzen, Angaben über die Zusammensetzung gemacht, so sind alle enthaltenen Einzelfuttermittel in vom Hundert oder in der absteigenden Reihenfolge ihrer Gewichtsanteile anzugeben. § 13 Abs. 3 gilt entsprechend."

Beispiel für die Deklaration eines Alleinfuttermittels, welches von uns zusätzlich ausschließlich an laktierende (säugende) Häsinnen verfüttert wurde [*Ovator*]:

Inhaltsstoffe:

Rohprotein	15,0	%
Rohfett	2,8	%
Rohfaser	16,5	%
Rohasche	9,2	%
Calcium	1,20	%
Phosphor	0,55	%

Zusammensetzung:

Luzernegrünmehl, Weizengrießkleie, Weizenkleie, Hafer, Haferschälkleie, Malzkeime, Rapsextraktionsschrot, Zuckerrübenmelasse, Calciumcarbonat

Zusatzstoffe je kg:

Vitamin A	10000	I.E.	
Vitamin D3	1000	I.E.	
Vitamin E (Alpha-Tocopherolacetat)	35,0	mg	
Kupfer (aus Kupfer(II)sulfat)	10	mg	
Vitamin C		10	mg

...

Einige grundlegende Begriffe zu Inhaltsstoffen aus der "Futtermittel-Sprache" sind im Folgenden aufgeführt und erläutert:

Apfeltrester: fällt bei der Saftherstellung an und bezeichnet die Trockenmasse, die nach dem Auspressen der Früchte zurückbleibt

Calciumcarbonat: Futtermittelzusatz E 341 I, kohlensaurer Kalk, Kreide, Bestandteil von Knochen und Zähnen, Füllstoff, Säureregulator

Cystin: Aminosäure

Gerste: - mehrzeilige Gerste (alle 3 Ähren einer Blütenebene sind fertil)
- zweizeilige Gerste (nur das mittlere Ährchen ist fertil)

Beide Gerstenarten werden als Sommer- und Wintergerste angebaut. Weit verbreitet ist die ungleichzeilige, so genannte vierzeilige Form (Futtergerste). Futtergerste ist eiweißreich, während die eiweißarme Sommergerste hauptsächlich als Braugerste Verwendung findet.

Getreide, Cerealien: Sammelbegriff für spezielle Zuchtformen von Süßgräsern (Reis, Weizen, Mais, Hirse, Roggen, Hafer, Gerste); wird nur dieser Begriff aufgeführt, kann das Futter sämtliche Bestandteile des Korns enthalten

Hafer: artenreiche Gattung der Süßgräser der gemäßigten Zone. Von den wild vorkommenden Arten wird der Flughafer (Windhafer, Wildhafer, Avena fatua) als ein Ackerunkraut bezeichnet. Als Kulturpflanze wird vor allem der Gewöhnliche Hafer (Rispenhafer, Avena sativa) angebaut.

Haferflocken: Verarbeitungsform des Haferkorns, bei welcher der Hafer durch Schälen mechanisch entspelzt, gewalzt und hydro-thermisch weiterbehandelt wird

Haferschälkleie: Nebenprodukt der Haferflockenherstellung; der Hafer wird durch Schälen mechanisch entspelzt und enthält die äußere Schichten des Haferkorns (Aleuronschicht, Samenschale und Fruchtwand) sowie gewisse Anteile Haferspelzen

Johannisbrot: Hülsenfrucht des Johannisbrotbaums, ein immergrüner Baum, der im Mittelmeerraum und Vorderasien wächst; für Futtermittel werden die getrockneten Hülsen der Frucht benutzt, die 30-50% Zucker enthalten

Leinextraktionsschrot: Nebenerzeugnis, das bei der Ölgewinnung durch Teilextraktion der Samen des Leins anfällt. Der Leinsaat wird durch Pressen etwa die Hälfte des Öls entzogen, das restliche Öl wird anschließend mit Hilfe von Hexan aus dem Presskuchen gewonnen.
Trockensubstanz 89%, Rohprotein 34,30%, Lysin 1,36%, Rohfett 2,40%, Rohfaser 9,20%, Calcium 0,41%, Phosphor 0,86%.

Leinkuchen: Rückstand, der bei der Gewinnung von Leinöl anfällt

Luzernegrünmehl: wird durch Trocknen, Mahlen und ggf. Kompaktieren junger Luzerne der Varietäten Medicago sativa L. oder Medicago var. Martyn gewonnen

Mais: Getreideart Zea mays L. (Fam. Poaceae oder Gramineae, Gräser).

Maiskleberfutter: Nebenerzeugnis der Maisstärkegewinnung (Nassmüllerei). Es besteht aus Kleie und Kleber, denen Rückstände vom Sichten von Mais oder Rückstände von Maisquellwasser aus der Gewinnung von Alkohol oder anderen Stärkederivaten zugefügt wurden. Kann außerdem Rückstände aus der Maiskeimölgewinnung enthalten

Malzkeime: Nebenerzeugnis; fällt bei der Vermälzung von Getreide an und besteht hauptsächlich aus getrockneten Keimlingen

Melasse: Nebenerzeugnis bei der Herstellung von Zucker aus Zuckerrohr oder Zuckerrüben. Sie enthält neben ca. 58% Saccharose und Raffinose, organische Säuren, Betain und anorganische Salze. Sie ist der Rest der Rohmasse, aus dem kein Zucker mehr kristallisiert werden kann [*Ternes et al. 2005*]. Als pflanzliches Naturprodukt ist die Zusammensetzung der Melasse nach ihrer Herkunft unterschiedlich.

Melasseschnitzel: Nebenerzeugnis, dass bei der Zuckergewinnung anfällt und durch Trocknung extrahierter, melassierter Pressschnitzel gewonnen wird

Möhrentrester: fällt bei der Saftherstellung an - Trockenmasse, die nach dem Auspressen der Karotten (Möhren) zurückbleibt

Monocalciumphosphat: Futtermittelzusatz E 170 I; Antioxidationsmittel, Komplexbildner, Säureregulator, Trägerstoff

Natriumchlorid: Salz, Kochsalz; lebenswichtiges Mineral; kann vom Körper nicht selbst hergestellt werden und muss über die Nahrung zugeführt werden, da der Körper ständig Salz verliert

Nüsse: Nüsse haben einen sehr hohen Energiegehalt: 100g Erdnüsse ca. 560kcal bei einem Fettgehalt von etwa 48g, 100g Haselnüsse 640kcal bei ca. 62g Fett.

Ölsaaten: Pflanzensamen mit hohem Ölgehalt, die zur Ölgewinnung genutzt werden (z.B. Sesam, Lein, Sonnenblume, Kürbis); Fettanteil 30 - 45%, sie enthalten essentielle Fettsäuren - Sonnenblumenkerne enthalten alle, für Kaninchen essentiellen, Aminosäuren!

Pflanzenöl: Fette und fette Öle, die aus Pflanzen gewonnen werden

Rapsextraktionsschrot: relativ fettarmes, eiweißreiches Nebenprodukt der Ölextraktion aus Rapssamen durch Lösungsmittel

Sonnenblumenextrationsschrot: relativ fettarmes, eiweißreiches Nebenprodukt der Ölextraktion aus Sonnenblumensamen durch Lösungsmittel

Threonin: essentielle Aminosäure

Trockengrünfutter: Getrocknetes und gepresstes Grünfutter aus Gras, Luzerne oder Rotklee (Heubriketts oder Heucobs)

Tryptophan: essentielle Aminosäure

Vinasse: Nebenerzeugnis; fällt nach der Fermentation (Zersetzung durch Enzyme unter Ausschluss von Sauerstoff) bei der Gewinnung von Alkohol, Hefe, Zitronensäure oder anderer organischer Substanzen aus Zucker-rohr- und/oder Zuckerrübenmelasse an

Weizen: Gattung Triticum L. aus der Fam. Poaceae oder Gramineae, Gräser - formenreichste Getreideart mit über 20 Wild- und Kulturweizenarten; hochwertiges Nahrungs- und Futtermittel; auf Grund des Klebergehaltes sind ganze Körner (Vollkorn) für die Kaninchenernährung nur bedingt geeignet - wir empfehlen, Weizenprodukte in der Kaninchenfütterung nicht zu verwenden.

Weizengrießkleie: Mühlennachprodukt; Stärkegehalt ca. 15-30%, Rohfasergehalt ca. 5-10%; Hauptsächliche Zusammensetzung siehe Weizenkleie, im Vergleich zur Weizenkleie grießartiger Feinheitsgrad [*Ternes et al. 2005*]

Weizenkleie: Mühlennachprodukt, bestehend aus der Schale und Keim des Korns; enthält Vitamine A, B1, B2, B6, Folsäure und E sowie Mineralstoffe; rohfaserreich; mind. 20% Eiweißanteil. Hauptsächliche Zusammensetzung: Pentosane und Glucane (ca. 25%), Cellulose und Lignin (ca. 18%), Proteine (ca. 19%), Fett (3-4,5%), Mineralstoffe (ca. 5-9%), Wasser (ca. 12%), Vitamine Carotin, Thiamin (0,7µg/100 g), Riboflavin (0,5µg/100 g) und Tocopherol [*Ternes et al. 2005*]

Zuckerrübenmelasse: bei der Gewinnung oder Raffinierung von Zucker aus Zuckerrüben anfallendes, sirupartiges Nebenerzeugnis. Melasse enthält ca. 50% Zucker.

Die meisten Komponenten in Futtermitteln sind Nebenerzeugnisse, die bei der Herstellung von Lebensmitteln für Menschen anfallen. Einige von ihnen sind auf Grund der Zusammensetzung und enthaltener Nährstoffe, Vitamine, Fette und Mineralien sehr wertvoll für solche Kaninchen, welche ansonsten nur mit Heu und Gemüse gefüttert werden. In der Ration sollte dabei immer auf die Menge an Zucker, Stärke und Mineralstoffe wie Calcium geachtet werden, ebenso auf einen hinreichenden Rohfasergehalt.

20.1 Getreide

Getreide in seiner kultivierten Form ist heutzutage ein umstrittenes Futtermittel für die Ernährung von Kaninchen. Das Wildkaninchen ist ein Kulturfolger des Menschen bzw. überlebt und vermehrt sich dort, wo es ausgesetzt wurde und mit den vorhandenen Lebensbedingungen zurechtkommen musste. In Australien wurde es unter anderem deshalb zur Plage, weil es sich durch das Fehlen natürlicher Feinde und seiner Anpassungsfähigkeit an die vorhandene Vegetation als Nahrungsgrundlage geradezu explosionsartig vermehrte. Unter anderem klagen die australischen Bauern über die teilweise Vernichtung ihrer Getreidefelder. Auf den Balearen wurde das Kaninchen zu Beginn unserer Zeitrechnung durch die Zerstörung der Vegetation und Ernten derart zur Plage, dass die damaligen Bewohner den Kaiser von Rom um Hilfe baten. Über ein massives Sterben der Kaninchen wegen Darm- oder Zahnproblemen wären sie wahrscheinlich froh gewesen, es ist aber nichts darüber überliefert. [*Turček 1959*] führt in einer Liste häufig gefressener Pflanzen unter anderem auch Weizen, Roggen, Mais und Rispenhirse auf. Dies weist darauf hin, dass es eine Differenzierung für die Verträglichkeit des vermeintlichen "schlechten" Nahrungsmittels "Getreide" geben sollte. Als wichtigster Grund für die Schädlichkeit wird oft die Stärke angeführt.

Stärke ist ein Kohlenhydrat - ein Polysaccharid, das im Verdauungsprozess über Di- zu Monosacchariden, also letztendlich zu Traubenzucker gespalten wird, welches wiederum über das Blut in die Zellen transportiert und dort als "Brennstoff" für die Zellen dient. In erster Linie ist sie somit ein Energielieferant und führt bei übermäßiger Fütterung zu Verfettung, da die überschüssige Energie in Form von Fett eingelagert wird. Getreidesorten wie Weizen und Roggen sowie botanisch verwandte Ursorten wie Dinkel, Grünkern, Kamut, Einkorn, Emmer und die Roggen-Weizen-Kreuzung Triticale enthalten in relativ großen Mengen das Klebereiweiß (Gluten). Kleber besteht aus einer Gruppe einfacher, schwerlöslicher Proteine - den Gluteninen und Gliadinen. Beim Menschen verursacht dieses Gemisch die so genannte Zöliakie, auch einheimische Sprue oder Glutenunverträglichkeit genannt, eine chronische Erkrankung der Darmschleimhaut.

Bild 107: Schematische Darstellung des Weizenkorns

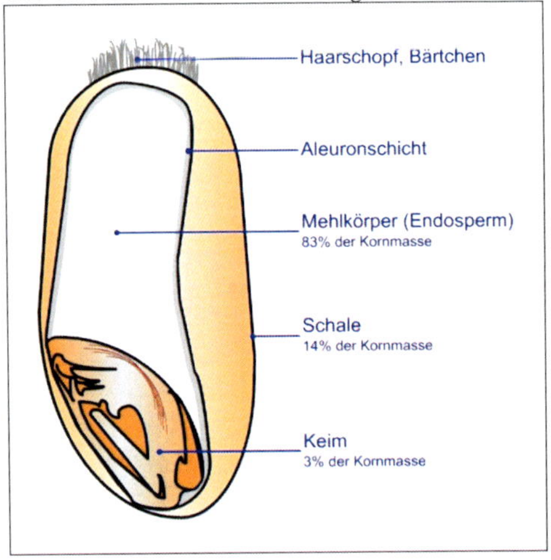

Erfahrungen vieler Kaninchenzüchter lassen darauf schließen, dass ganze Weizenkörner oder Produkte aus diesen, problematisch für die Verdauung von Kaninchen sind. Hafer kann bedenkenlos gefüttert werden - natürlich in den, den jeweiligen Kaninchen angepassten, Mengen. Hafer enthält im Gegensatz zu Weizen Klebereiweiß in einer Zusammensetzung, das für Menschen mit Sprue verträglich ist und mit dem Kaninchenhalter- und Züchter gute Erfahrungen gesammelt haben. In Deutschland sind Haferprodukte noch nicht für Zöliakie-Kranke zugelassen, weil man Verunreinigungen mit anderen Getreidesorten bei der Ernte, Verarbeitung und Lagerung befürchtet. Haferflocken können vor allem für Kaninchen, die gepäppelt werden müssen, eine sehr sinnvolle Nahrungsergänzung sein.

Futtermittel, die ganze Getreidekörner enthalten (bzw. Verarbeitungsprodukte aus diesen), machen schnell satt, so dass die Gefahr besteht, dass zu selten gefressen wird. Dies kann zu Verdauungsproblemen führen, da zu wenig Nahrung "nachkommt", der Nahrungsbrei zu lange im Darm verbleibt und dort den Nährboden für pathogene Keime bildet. Für Zwergkaninchen in Wohnungs- oder Stallhaltung sind größere Mengen dieser Futtermittel unnötig.

Das Klebereiweiß befindet sich im Endosperm, dem Mehlkörper des Kornes. Dieser ist in verschiedenen Produkten der Getreideverarbeitung nicht mehr enthalten, so dass diese für die Kaninchenfütterung eine wertvolle Ergänzung darstellen können. Denn neben dem Rohfasergehalt enthalten sie die wertvolleren Eiweiße, ungesättigte Fettsäuren, verschiedene Vitamine und Mineralien.

Zu diesen Produkten gehören z.B. Kleie, Grießmehl und Schrot. Kleie ist ein so genanntes Mühlennachprodukt und ein Sammelbegriff für den Rest, der nach Getreidevermahlung anfällt, bestehend aus den Randschichten des Korns und dem Keim. Dieser Rest ist für Kaninchen durchaus wertvoll, weil das Eiweiß im Vergleich zu dem des Mehlkörpers wertvoller ist. Der Anteil ungesättigter Fettsäuren im Fett ist hoch und es sind Vitamine A, B1, B2, B6, Folsäure und E sowie Mineralstoffe enthalten. Die Randschichten des Korns enthalten viel Rohfaser. Getreide wie Hafer und Gerste sind für Zwergkaninchen sicher nicht lebensnotwendig, können aber, bei einer ansonsten nährstoffarmen Fütterung von Heu und Gemüse, eine wichtige Ergänzung darstellen. Entscheidend ist hierbei die Menge.

Tabelle 15: Durchschnittliche Zusammensetzung von Getreidekörnern
[*Ternes et al. 2005*]

Inhaltsstoff		Weizen, ganzes Korn	Hafer, entspelzt, ganzes Korn	Mais, ganzes Korn
Wasser	[g/100g]	13,2	13	12,5
Eiweiß	[g/100g]	11,7	13	8,5
Lipide	[g/100g]	2,0	7,1	3,8
Kohlenhydrate *	[g/100g]	61,0	63,0	64,7
Stärke	[g/100g]	58,2	56,6	61,5
Rohfaser	[g/100g]	2,5	1,5	9,2
Mineralstoffe, Gesamt	[g/100g]	1,8	2,9	1,3
Calcium	[mg/100g]	42	80	
Phosphor	[mg/100g]	350	380	
Eisen	[mg/100g]	3,6	4,8	
Natrium	[mg/100g]	3,3	5,0	
Kalium	[mg/100g]	380	380	
Magnesium	[mg/100g]	130	120	
Mangan	[mg/100g]	3,8	4,6	
Kupfer	[mg/100g]	0,70	0,43	
Zink	[mg/100g]	3,5	3,7	
Vitamin B1	[mg/100g]	0,48	0,71	0,36
Vitamin B2	[mg/100g]	0,14	0,13	0,20
Niacin	[mg/100g]	5,1	0,9	1,5
Pantothensäure	[mg/100g]	1,18	0,71	0,65
Folsäure	[mg/100g]	0,050	0,034	-
Vitamin B6	[mg/100g]	0,44	0,20	0,40
Vitamin E	[mg/100g]	4,20	3,80	1,95

* verwertbare Kohlenhydrate, überwiegend Stärke
** unlösl. Anteil

21 Wasser

Bild 108: Wasser muss immer zur Verfügung stehen!

Auch bei Fütterung mit frischem Grün und Gemüse muss es ausreichend vorhanden sein - umso mehr gilt das bei der Fütterung mit Heu.

Wasser spielt eine sehr wichtige Rolle - ein Kaninchen kann etwa 3 - 4 Wochen ohne Futter überleben - ohne Wasser hingegen (temperaturabhängig) nur etwa 4 - 8 Tage. Bei einer Temperatur von 20°C entspricht die Wasseraufnahme dem 2 - 2,5fachen der gefressenen Trockensubstanz. [*Schlolaut 2003*]

Als Trinkgefäße eignen sich am besten schwere Näpfe aus Ton, die von den Tieren nicht so einfach umgeworfen werden können. Trinkflaschen sollten nicht benutzt werden, da sich in relativ kurzer Zeit an schwer erreichbaren Stellen Keime bilden. Ein einfaches Auswaschen der Flaschen reicht nicht, um die Keime abzutöten oder zu entfernen, erst bei sehr hohen Temperaturen nach längerer Zeit werden sie zuverlässig unschädlich gemacht. Vor allem im Sommer, wenn sich das Wasser erwärmt, ist die Entstehung pathogener Keime schnell möglich. Näpfe aus Ton können problemlos im Geschirrspüler gründlich gereinigt werden.

Eine wichtige Einflussgröße für die Wasseraufnahme bildet auch die Wassertemperatur - vor allem im Sommer. Steigt die Temperatur des Trinkwassers über 25°C, wird weniger getrunken. Im Sommer sollte das Wasser also täglich mehrmals gewechselt werden.

Es soll an dieser Stelle noch einmal darauf hingewiesen werden, dass bei einer Fütterung mit Heu und geringer Wasseraufnahme die Gefahr von Stoffwechselkrankheiten wie Kalzinose sehr groß ist. Des Weiteren verringert sich die Futteraufnahme.

Wildkaninchen decken ihren Wasserbedarf über das frische Grün mit entsprechend hohem Wassergehalt, dem Tau an den Pflanzen, zur Verfügung stehenden Wasservorkommen wie Pfützen oder Bächen und reduzieren den Bedarf durch den Aufenthalt in kühlen Erdbauten. Auch Jungtiere benötigen Wasser ab dem Zeitpunkt, wenn sie feste Nahrung aufnehmen, da die Milch der Häsin den Wasserbedarf dann nicht mehr decken kann.

22 Haltung

Bild 109: Spielende Jungtiere - ein Salto stellt für sie kein Problem dar, wenn die richtigen Bedingungen dafür vorhanden sind

Bild 110: Als würde es schweben - ein Jungtier im vollen Lauf

Wer jemals die Gelegenheit hatte, Wildkaninchen in Freiheit oder Hauskaninchen in einem großen Freilauf zu beobachten, wird wissen, dass gängige Empfehlungen für eine **artgerechte** Unterbringung nicht geeignet sind. Tiere, die in der Lage sind aus dem Stand über einen halben Meter hoch zu springen, Geschwindigkeiten von bis zu 40km/h zu entwickeln, im Spiel Salti in der Luft zu drehen und aus dem Nichts plötzlich Sprints über 20m hinzulegen, kann man nicht ein Leben lang einsperren, ohne ihnen etwas zu nehmen. Für die Unterbringung von Hauskaninchen gibt es keine gesetzliche Vorgabe - lediglich Empfehlungen. Auch in den 7 Jahren Regierungszeit von Rot/Grün von 1998 bis 2005 passierte in dieser Hinsicht nicht viel - das Dosenpfand war wichtiger. Informationen zu Mindestanforderungen an Fläche und Raum gibt es von verschiedenen, seriösen Organisationen. Diese sollten jedoch immer als das Minimum angesehen werden - jeder Quadratzentimeter mehr ist Gold wert. Diese Empfehlungen orientieren sich an der Größe der Kaninchen und sind absolute Mindeststandards. Tierschützer fordern wesentlich mehr Fläche, was auch grundsätzlich richtig ist. Doch da auch sie gewissen Zwängen unterworfen sind, sind die 2m², die von den meisten vehement verlangt werden, auch nur ein Kompromiss - wie fast alles in der Haltung und Ernährung von Kaninchen.

Tabelle 16: Mindestanforderungen an Fläche und Raum/Einzeltier bei konventioneller Haltung, nach [*TVT 2007*]

	Fläche (cm²)	**Höhe (cm)***
> 5,50 kg (große Rassen)	8.800 (B x T 110 x 80 cm)	70
> 3,25 kg (mittelgroße Rassen)	6.800 (B x T 85 x 80 cm)	60
> 2,00 kg (kleine Rassen)	5.250 (B x T 70 x 75 cm)	60
< 2,00 kg (Zwergrassen)	4.500 (B x T 65 x 70 cm)	50

* Die Höhe muss auf mindestens 70 % der Grundfläche vorhanden sein

Tabelle 17: Mindestanforderungen für Zuchtkaninchen und wachsende Kaninchen, nach WRSA[79]

	Mindestfläche je Tier (cm²)	**Mindesthöhe (cm)**
Zuchtkaninchen * bis 4,0 kg	2 000 * / 2 400	40/60 *
bis 5,5 kg	3 000 * / 3 600	40/60 *
über 5,5 kg	4 000 * / 4 800	40/60 *
erhöhte Ebene * Zuchtkaninchen	1 000	25
Wachsende Kaninchen in Gruppen bis 5 Tiere – je Tier	max. 40 kg/10 000 cm2 mind. 700 cm2	35
in Gruppen > 5 Tiere – je Tier	mind. 600 cm2	
Wurfbox Fläche	800	30

Die mit * gekennzeichneten Werte gelten bei Verwendung einer erhöhten Sitzfläche, die der nutzbaren Fläche wie auch die der Wurfbox zuzurechnen sind.

Ein Kaninchen ein Leben lang auf 2 m^2 zu halten, ist ebenso wenig artgerecht wie 1 m^2. Die viel beschworenen, möglichen "Hoppler" auf dieser Fläche sind nicht wirklich Bewegungen, die ihrem natürlichen Bedürfnis nach Bewegung entsprechen.

23 Wohnungshaltung

Die Wohnungshaltung von Kaninchen ist nicht unkritisch - deswegen würden sie auch gern "Wiese kaufen". Ein großes Manko ist hierbei das "Mikroklima", also Temperatur, Luftfeuchtigkeit, Zugluft, Staub usw., welches allgemein das Wohlbefinden und die Schleimhäute negativ beeinflussen kann. Besonders der Sommer ist, wenn der Trend so weiter geht, eine große Belastung für Wohnungstiere. Viele Wohnungen sind heute mit Laminat, Parkett oder Fliesen ausgelegt, was eine sichere Fortbewegung fast unmöglich macht. Rutschige Teppichbrücken, Schlingen in Teppichen oder Fransen bergen zudem die Gefahr von Verletzungen, ebenso wie freiliegende Leitungen und Stromkabel. Wer die Tiere in einem Käfig hält, sollte ihnen am Tag mindestens 3 - 4 Stunden Auslauf geben. Der späte Nachmittag bzw. frühe Abend sind hierfür die besten Zeiten, da die Tiere in dieser Zeit naturgemäß am aktivsten sind. Zusätzlicher Auslauf am Morgen gibt den Tieren ebenfalls die Möglichkeit, ihrem Bewegungsdrang nachzugeben. Dies sind lediglich Mindestempfehlungen - jede Minute mehr an Bewegung ist natürlich erstrebenswert. Die Auslauffläche sollte einen griffigen Untergrund haben. Hindernisse, auf die sie springen können und Beschäftigungsmaterial wie Zweige bieten eine willkommene Abwechslung. Der Käfig sollte in einem ruhigen Bereich und vor allem zugfrei stehen. Dabei sollten auch Türspalte berücksichtigt werden, durch die im geschlossenen Zustand zuweilen ein recht scharfer Wind wehen kann. Zugluft ist Gift für die Schleimhäute und führt sehr schnell zu Schnupfen oder entzündeten Augen. Ein Problem für viele Halter stellt der Absatz von Kot und Harn in der Wohnung dar. Mit etwas Geduld können Kaninchen "stubenrein" werden, denn mit der Zeit kennt man die Gewohnheiten der Tiere. An Stellen, wo sie bevorzugt ihr Geschäft erledigen, können Kotschalen aufgestellt werden.

24 Haltung im Freien

Darunter verstehen wir eine Haltung nicht ausschließlich in Ställen, sondern im Freien mit entsprechend großem Auslauf, der den Kaninchen die Möglichkeit bietet, ihren Bewegungsdrang auszuleben. Dies kommt einer wirklich artgerechten Haltung näher als eine Wohnungshaltung. Nebenbei verschafft ihnen diese Form der Haltung ein gestärktes Immunsystem, dass sie vor vielen Krankheiten schützen kann. Viele Halter ermöglichen ihren Tieren den ganzjährigen Aufenthalt an frischer Luft in Freigehegen. Dabei muss jedoch darauf geachtet werden, dass der Boden in regelmäßigen Abständen gereinigt werden kann, da sich mit der Zeit Krankheitserreger wie Oozysten ansammeln können.

Praktisch ist das Auslegen des Geheges mit Steinplatten (z.B. Gehwegplatten) und das Freilassen von kleinen Bereichen, die zum Buddeln genutzt werden können. Besonders wichtig ist, darauf zu achten, dass es sonnen- und windgeschützte Bereiche gibt. Hier ziehen sich Kaninchen einen großen Teil des Tages zurück, wenn es sehr warm ist. Gern legen sich Kaninchen hinter oder unter schützende Elemente wie z.B. U-Steine, die man im Baumarkt bekommt.. Das Gehege kann mit vielen Gegenständen ausgestattet werden, die die Tiere als "Ausguck", zum "Hürdenlauf" oder einfach nur zum Ausruhen benutzen. Als vorteilhaft können sich auch Gehege erweisen, die regelmäßig umgestellt werden. So wird der Boden nicht zu sehr mit Krankheitskeimen belastet und die Tiere haben immer wieder neues Grün, dass sie fressen können. Hohe Temperaturen verträgt dass Kaninchen weniger gut als niedrige, weshalb auch unsere Winter für sie kein wirkliches Problem darstellen. Es sollte allerdings dafür Sorge getragen werden, dass es schneefreie, trockene und windgeschützte Bereiche für sie gibt. Wer sein Kaninchen aus einer Wohnungshaltung ins Freie umsetzen möchte, sollte dies spätestens Ende September vornehmen, so dass die Tiere noch ausreichend Zeit haben, ein entsprechend dichtes Fell zu bilden.

Bild 111: Beispiel für ein Freigehege

Bild 112: Doppelstall mit einem Gitter in der Mitte getrennt, dass entfernt werden kann

Bild 113: Stallanlage mit 9 Ställen, die zum Teil miteinander verbunden werden können

Da im geöffneten Zustand die Türen des 9er Stalls im Weg sind, werden sie einfach im Stall abgelegt und mittels eines einfachen Mechanismus zum Schließen des Stalles eingesetzt.

Bild 114: Stalltüren "verschwinden"...

Bild 115: ...oder verschließen den Stall

Das Bild 111 zeigt unser früheres Gehege von außen im Winter, welches zum Teil unter dem Hausdach auf der Terrasse stand. Dort befanden sich auch die Ställe, die offen waren. Sie wurden allerdings von den Tieren selten benutzt - sie lagen lieber unter ihnen auf einer Lage Stroh. Heute steht den Tieren der gesamte Garten zur Verfügung. Für die Nacht werden sie in Ställen untergebracht.

Bild 116: Baumstamm als Beschäftigung

Bild 117: Häuschen aus Weide

Kaninchen, die im Freien "überwintern", können nicht ohne weiteres in die Wohnung geholt werden. Wenn es trotzdem nötig sein sollte, müssen sie in einem Zimmer untergebracht werden, das unbeheizt ist und dessen Fenster geöffnet sind, ohne Zugluft entstehen zu lassen. Sie verkraften die Umstellung von einer kalten, mit relativ hoher Luftfeuchtigkeit geprägten Luft in eine trockene, über 20°C warme Atmosphäre über längere Zeit nicht.

Kaninchen können auf verschiedenste Weise sicher im Freien gehalten werden. Dabei sollten aber verschiedene Dinge beachtet werden. Zum Einen die Sicherheit: viele Beutegreifer wie z. B. Marder und Füchse leben heute in enger Gesellschaft des Menschen. Gehege, Auslauf und Ställe im Außenbereich müssen so gesichert sein, dass die Kaninchen sicher vor Raubtieren sind. Zum Zweiten die Hygiene: Leben Kaninchen längere Zeit auf relativ engem Platz mit natürlichem Untergrund, wird dieser mit der Zeit durch den Kot und Urin "verseucht". Krankheitskeime sammeln sich mit der Zeit und der Infektionsdruck steigt. Deshalb sollte dafür Sorge getragen werden, dass der Boden desinfiziert oder ausgetauscht werden kann. Ist das Gehege mit Platten ausgelegt, wird sich die Gefahr verringern - wenn diese regelmäßig gereinigt werden.

Bild 118: Abflussröhre als geschützter Platz

Bild 119: Ausguck

Bild 120: U-Stein als Platz zum Relaxen…

Bild 121: Kleines Freigehege mit Netz

25 Kaninchen und andere Tiere

Wie für die meisten Säugetiere ist auch für Kaninchen wichtig - und für sie als sehr soziale Tiere ganz besonders - dass sie nicht ohne Artgenossen leben. Dies gilt ebenso, wenn sie mit Meerschweinchen gemeinsam gehalten werden, denn auch diese können den Artgenossen nicht ersetzen. Leben noch andere Tiere im Haushalt, muss besonders für Jungtiere Vorsicht gelten, denn für Katzen z.B. passen sie noch in ihr Beuteschema. Kaninchen sind zum Teil sehr schreckhaft und in der Flucht kann ein Wohnzimmer recht schnell zur Falle werden. Bei gegenseitiger Gewöhnung lernen jedoch Kaninchen sehr schnell, von wem Gefahr droht.

Bild 122: Amie und Rammler Malik

Bild 123: Zwei unserer "Wachhunde"...

Bild 124: Amie mit Jungtieren im Garten

Bild 125: Zwei Kater mit Rammler Malik

Katzen sind verspielte Tiere, die sich mit Vorliebe anschleichen. Mit ihren Scheinangriffen können sie Kaninchen so heftig erschrecken, dass diese panisch flüchten und sich dabei erheblich verletzen. Normalerweise kennen Kaninchen ihr Revier mit den Fluchtwegen sehr genau - aber Gegenstände, die erst kürzlich ihren Platz wechselten, können ihnen leicht zum Verhängnis werden. Kaninchen erkunden ihr Revier täglich. Dabei werden auch Fluchten geübt, um jederzeit einen geschützten Platz erreichen zu können.

Bild 126: Liebe

Bild 127: Ignoranz

26 Pflege

26.1 Wie hält man ein Kaninchen fest

Die meisten Kaninchen lieben es nicht unbedingt, hochgenommen und auf ihren Pflegezustand untersucht zu werden. Vor allem ein zögerliches und unzureichend festes Zugreifen erschwert solche Aktionen. Viele Tiere halten aber still, wenn sie sich im Griff des Menschen sicher fühlen. Oft erleiden Tiere Verletzungen vor allem am Rücken, weil sie sich urplötzlich aus dem vermeintlich sicheren Griff herauswinden und unkontrolliert auf den Boden fallen. Wenn man sich dem Tier vorsichtig nähert und eine Hand vor das Gesicht hält, wird es sich ducken und unter Umständen vorsichtig rückwärts bewegen, bis es einen Widerstand im Rücken spürt - das kann auch die zweite Hand sein. Sitzt das Tier ruhig, greift man es vorsichtig an beiden Seiten gleichzeitig und nimmt es langsam hoch. An der Brust bleibt eine Hand am Rücken, die andere stützt das Tier unter dem Hinterteil. Alle Bewegungen sollten ruhig und nicht im D-Zug-Tempo stattfinden, da Hektik die Tiere verängstigt.

Seien Sie beim Halten der Tiere nicht zu empfindlich bzw. übervorsichtig. Lassen Sie sich eventuell vom Tierarzt zeigen, wie man ein Kaninchen schmerzfrei, aber sicher hält. Kindern sollte der richtige Umgang mit den Tieren unbedingt vorher gezeigt werden.

26.2 Pflege- und Kontrollhinweise

Unabhängig von der Rasse sollten Kaninchen regelmäßig auf ihren Gesundheits- und Pflegezustand überprüft werden. Dazu gehört die Kontrolle der Zähne, Krallen, Ohren, Augen, Nase, Fellzustand sowie After- und Genitalregion.

Die Zähne sollten gerade wachsen, wobei die unteren Schneidezähne im geschlossenen Maul hinter den oberen Schneidezähnen stehen müssen (siehe auch Kapitel 5, Bild 2b). Zur Kontrolle werden Ober- und Unterlippe vorsichtig über die Zähne geschoben. Eine Verfärbung der Zähne kann ebenfalls auf ein Problem beim Kauen hinweisen. Die Krallen dürfen nicht zu lang wachsen, was vor allem bei Wohnungskaninchen, die sich auf unnatürlichen Untergründen nur unzureichend bewegen, problematisch sein kann.

Eine Haltung in der Wohnung mit daraus resultierendem Bewegungsmangel kann nicht mit einer Haltung im Freien auf natürlichem Boden verglichen werden. Die Krallen müssen hinter dem "Leben" geschnitten werden (siehe Kapitel 9, Bild 7). Wer sich hier unsicher ist, kann das Krallenschneiden auch vom Tierarzt vornehmen lassen. Die Ohren dürfen nicht schmutzig sein - vor allem Kaninchen mit Hängeohren (Widderkaninchen) müssen hier verstärkt kontrolliert werden.

Die Augen müssen glänzen und dürfen nicht tränen oder schmutzige, verschleimte Lider aufweisen. Die Nase muss trocken sein. Eine nasse oder schleimige Nase ist immer ein ernstzunehmendes Signal für eine Erkrankung, die sich dann oft auch noch durch Niesen bemerkbar macht. Zögern Sie in einem solchen Fall auf keinen Fall mit dem Gang zum Tierarzt.

Schmutziges, glanzloses Fell kann auf eine Krankheit deuten - wenn sich die Tiere nicht ausreichend putzen, können auch physiologische Gründe vorliegen. Verfilztes Fell sollte vorsichtig ausgekämmt und verfilzte Stellen, die sich nicht lösen lassen, müssen entfernt bzw. abgeschnitten werden. Besonders für Langhaarkaninchen wie Teddyzwerge ist für die Fellpflege ein Kamm mit beweglichen Zinken geeignet, der im Zoohandel erhältlich ist.

Bild 128: Kamm, Schere und Bürste für die Fellpflege

Am Hinterteil verklebte Kotballen sollten ebenfalls entfernt werden. Riecht verschmierter Kot am Hinterteil säuerlich, kann das auf eine Erkrankung, hervorgerufen durch Kokzidien, hindeuten. Auch in diesem Fall sollte sofort der Tierarzt aufgesucht werden. Nehmen sie Kotproben mit, die auf die Krankheitserreger untersucht werden. Es sollte zwar der Kot mehrerer Tage abgegeben werden, da die Oozysten nicht immer ausgeschieden werden, aber im akuten Fall muss sofort gehandelt werden.

Im Sommer sind Kaninchen im Freien außerdem auf Zecken zu untersuchen. Werden Zecken innerhalb von 24 Stunden entfernt, stellt ein Biss kein Problem dar, da die krankheitserregende Substanz erst am Ende des Saugaktes abgegeben wird.

27 Krankheiten

Laut einer Studie des Instituts für Veterinärbakteriologie Zürich [*Hoop et al. 2008*] zählen folgende Krankheiten in absteigender Reihenfolge zu den wichtigsten in der Schweiz, so wie auch in anderen europäischen Staaten: Darmkokzidiose, Dysenterie, Leberkokzidiose, Mukoide Enteritis, Pasteurellose, Pneumonie, Rhinitis und Adipositas.

Sind Kaninchen gesund, zeigt sich das an ihrem Verhalten: sie fressen, laufen, sind aufgeweckt und neugierig, das Äußere ist unauffällig und sie niesen nicht. Als normalerweise dämmerungs- und nachtaktive Tiere sind für den Halter die frühen Morgen- und späten Abendstunden Gelegenheit, sich mit den Tieren zu beschäftigen und eventuelle Auffälligkeiten im Verhalten festzustellen.

Krankheiten, solange sie nicht infektiös sind, haben meist mehrere Ursachen - auch multifaktorelle Ursachen genannt. Selbst Krankheiten wie Kokzidiose oder ME (Mukoide Enteritis) haben meist mehrere verschiedene Ursachen, zu denen immer die Ernährung gehört. Sie legt den Grundstein für ein robustes Aufwachsen und ein starkes Immunsystem, das in der Lage ist, sich gegen Krankheitserreger zu wehren. Fehlen dem Körper Antikörper, die aus Proteinen gebildet werden, ist er gegen jede Form von Erkrankung anfällig. Das Ausbrechen von Krankheiten ist abhängig von der Verfassung bzw. Konstitution des Tieres, der Krankheitsbereitschaft (Disposition) und dem Einwirken verschiedener innerer und äußerer Faktoren. Daraus erklärt sich auch, dass nicht unbedingt alle Tiere in einem Bestand erkranken müssen. Manche werden zwar infiziert, sind jedoch in der Lage, mit den Krankheitserregern fertig zu werden. Faktoren für Erkrankungen können z.B. sein: das Alter, Erbfehler, stressbedingte Ursachen wie Geburt oder Absetzen, Haltungsfehler wie mangelnde Bewegung, schlechtes Klima, fehlende Wasserversorgung, unzureichende bzw. fehlerhafte Ernährung, schlechte Hygiene oder kranke, neue Tiere, die vorhandene infizieren. Normalerweise tragen viele Tiere Parasiten oder Bakterien in sich, ohne zu erkranken. Zwischen Tier und Erregern herrscht ein Gleichgewicht. Durch bestimmte Faktoren wie z.B. rasche Ernährungsumstellungen oder Stress kann dieses Gleichgewicht gestört werden und die Körperabwehr ist nicht mehr im Stande, sich der Erreger zu erwehren.

"Als Infektion bezeichnet man das Eindringen, Haften, Vermehren und Ausbreiten von Krankheitserregern in einem Wirtsorganismus." [*Winkelmann 2006*]

Hervorgerufen werden Infektionen durch Viren, Bakterien, Parasiten oder Pilzen (Erklärungen siehe Glossar am Ende des Buches). Seit einiger Zeit häufen sich auch Krankheiten bei Haltern, mit denen sich bisher eigentlich eher Züchter oder Massentierhaltungen auseinander zu setzen hatten. Hauptursachen sind oft die Haltung (z.B. mangelnde Bewegung) und Fütterungsfehler. Vielleicht ergibt sich aus diesem Buch die eine oder andere Anregung für die Haltung oder Ernährung. Mancher wird erstaunt sein, wie leicht mit dem entsprechenden Wissen einem Kaninchen Leid und dem Halter viel Aufregung und letzten Endes auch Geld erspart bleiben können.

Im Weiteren sollen kurz vorrangig jene Krankheiten aufgeführt werden, die für Halter interessant sein könnten.

Diese Auflistung ist dabei lediglich als Information zu verstehen. Sie kann und darf im Krankheitsfall den Arztbesuch nicht ersetzen.

Die Beschreibungen der Krankheiten und ihrer Verläufe stammen aus verschiedener Fachliteratur und können nicht durch eigene Erfahrungen ergänzt werden. Bei entsprechender Notwendigkeit empfiehlt sich der Tierarztbesuch oder das Studium der Fachliteratur. Einige, sehr gute Quellen finden sich im Quellenverzeichnis - auch Literatur, die nicht für dieses Buch benutzt wurde.

Tabelle 18: Wichtige persistente Krankheitserreger des Kaninchens, aus [*Rossi 2007*]

Erreger	**Reservoir**	**Zielorgane**
Caliciviren (RHD)	Trägertiere	Leber, Nieren, Lunge, Luftröhre, Uterus
Staphylococcus aureus	Nasenschleimhaut	Lunge, Haut, Milchdrüsen, Hoden, Uterus (Übertragung an Neugeborene)
Pasteurella multocida	Nasennebenhöhlen	Lunge, Unterhaut im Halsbereich, Mittelohr, Uterus
Escherichia coli	Leber, Darm	Darm, Leber, Lunge, Milchdrüsen
Clostridium perfringens	Sporen (Tier, Umwelt)	Darm, Leber, Lunge (Unterhaut)
Psoroptes-Milbe (Saugmilbe)	Wände und Zielorgan	Ohrmuschel
Cheyletiella (Raubmilbe)	Wände und Zielorgan	Nackenhaut

27.1 Virusinfektionen

27.1.1 Krankheitserreger

Viren als Krankheitserreger sind sehr kleine Zellparasiten ohne eigenen Stoffwechsel, die nur auf lebendem Gewebe gedeihen.

Calici-Virus: Erreger der Hämorrhagischen Virus-Krankheit der Kaninchen, RHD (Rabbit hemorrhagic Disease)

Leporipoxvirus myxomatosis: Erreger der Myxomatose

Weitere Viren, die für das Kaninchen gefährlich sein könnten, können in der einschlägigen Fachliteratur nachgelesen werden, da durch sie verursachte Krankheiten wie Leukose, Tollwut, Kaninchenpocken, Fibromatose, Aujeszkysche Krankheit, Bornasche Erkrankung, Rota-Virus-Infektion oder Papillomatose sehr selten sind. Einige dieser Erkrankungen sind beim Veterinäramt anzeigepflichtig.

27.1.2 Myxomatose

Die Myxomatose wird durch stechende Insekten, Flöhe und Zecken übertragen, die den Virus vorher durch Blutsaugen an Wildkaninchen aufgenommen haben. Ebenso kann eine Übertragung durch infiziertes Grünfutter nicht ausgeschlossen werden. Die Inkubationszeit beträgt 3 - 5 Tage, der Erreger ist Leporipoxvirus myxomatosis. Die Krankheit äußert sich durch Bindehautentzündungen und weichen Stellen an Lippen, Nase sowie in den Genital- und Afterregionen. Bei akuter Erkrankung sterben die Tiere nach 8 - 10 Tagen. Chronische Krankheitsverläufe äußern sich durch Schwellungen der Augenlider und Pusteln am Naseneingang - zum Teil können diese Tiere wieder gesund werden.

Gegen die Krankheit kann und sollte vor Beginn der warmen Jahreszeit (März/April) geimpft werden - auch Wohnungstiere. Der Impfschutz hält etwa ein halbes Jahr. Jungtiere können frühestens ab einem Alter von 4 Wochen geimpft werden. [*Ewringmann 2005*] Entsprechend verschiedener Empfehlungen kann die Impfung alle 6 Monate aufgefrischt werden, sie bietet jedoch keinen 100% Schutz vor einer Infektion. Grünfutter sollte nicht von Flächen gesammelt werden, die von Wildkaninchen aufgesucht werden. Die Myxomatose ist nicht auf den Menschen übertragbar.

27.1.3 RHD, Rabbit Hemorrhagic Disease

Die Hämorrhagische Virus-Krankheit, auch Chinaseuche genannt, wird durch Kontakt mit infizierten Artgenossen und deren virushaltigen Sekreten und Exkrementen als auch durch Blutsaugende Insekten und kontaminiertem Grünfutter sowie Personen, die Kontakt mit erkrankten Tieren hatten, übertragen. Die Inkubationszeit beträgt 1 - 3 Tage, Erreger ist der Calici-Virus. Der Verlauf der Krankheit ist perakut und wird oft erst nach dem Tod der Tiere festgestellt (post mortem). Bis 1995 war die Krankheit anzeigepflichtig.

Jungtiere ungeimpfter Häsinnen sollten unabhängig von der Jahreszeit ab der 6. Woche, die geimpfter Häsinnen aber der 12. Woche geimpft werden. Eine Auffrischung der Immunisierung erfolgt alle 12 Monate.

27.2 Bakterielle Infektionen

27.2.1 Krankheitserreger

Bakterien sind Mikroorganismen, die in der Natur weit verbreitet und unter anderem bei Tier und Mensch an Verdauungsvorgängen beteiligt sind. Es sind kleine, meist einzellige Organismen, die keinen echten Zellkern besitzen. Für das Kaninchen sind bestimmte Bakterien unentbehrlich für den Aufschluss der Cellulose und der Synthese von Eiweißen, Aminosäuren und Vitaminen. Durch Bakterien und Hefen, aus denen der Blinddarmkot besteht, wird ein Teil des Eiweißbedarfs gedeckt und das Tier mit Vitaminen des B-Komplexes versorgt.

Pathogene (krankheitserregende) Bakterien bilden gewebeschädliche Toxine (Gifte) - ihr Anteil ist aber normalerweise begrenzt und ein gesunder Organismus verfügt über ein stabiles Abwehr- bzw. Immunsystem, das einer Vermehrung und Verbreitung pathogener Bakterien und Keime entgegenwirkt. Erst durch zusätzliche Faktoren (z.B. Fütterungsfehler), die dieses System schwächen, erfolgt die Ausbreitung und ein Überschwemmen des Körpers mit Toxinen, die die entsprechende Krankheit auslösen.

27.2.1.1 Kugelbakterien

Staphylokokken, staphylococcus: nicht Sporenbildende, grampositive Bakterien aus der Gruppe der Kokken - Erreger eitriger Prozesse wie Wundinfektionen, Abszesse, Haarbalgentzündungen und allgemeine Infektionen, auf Menschen und Tiere übertragbar

Streptokokken, streptococcus: grampositive Bakterien, die sich bevorzugt in Ketten anordnen - Erreger von Allgemein- und Organinfektionen, auf Menschen und Tiere übertragbar

27.2.1.2 Stäbchenbakterien

Einige Arten bilden Sporen, die sehr widerstandsfähig sind. Verschiedene Formen verursachen schwere Krankheiten.

Bordetella bronchioseptica: Erreger des infektiösen Schnupfens

Clostridium perfringens: grampositives, endosporenbildendes Bakterium, dass in geringer Zahl auch zur gesunden Darmflora gehört - Erreger von Blinddarmentzündungen

Clostridium piliforme (alt: Actinobazillus piliformis): Erreger der Tyzzer'schen Krankheit und tritt oft gemeinsam mit E. coli auf

Escherichia coli (E. coli): gramnegatives Bakterium, welches sich bevorzugt von Zucker und bestimmten Aminosäuren ernährt und auch zur normalen Darmflora gehört. Einige Stämme dieses Bakteriums bilden Gewebeschädigende Gifte - so z.B. EPEC (enteropathogene E. coli) - die schwere Darmentzündungen hervorrufen, welche meist tödlich verlaufen

Listeria monocytogenes: grampositives Bakterium - Erreger der Listeriose, der durch kontaminiertes Grünfutter übertragen wird, auch für Menschen pathogen

Pasteurella multocida: gramnegatives Bakterium - Erreger des ansteckenden Schnupfens, Kaninchenpasteurellose (Hämorrhagische Septikämie) sowie von Allgemeininfektionen, die Keime kommen auch bei Ratten, Mäusen und Vögeln vor

Pseudomonas aeruginosa: gramnegatives Bakterium - Erreger von Wundinfektionen durch Schmutz, verunreinigtes Wasser, Futter oder Einstreu

Salmonella, Salmonellen: gramnegatives Bakterium mit zahlreichen Unterarten und eng mit der Gattung Escherichia verwandt - Erreger von Allgemein- und Darmentzündungen, auf den Menschen übertragbar

Treponema cuniculi: Erreger der Geschlechtskrankheit Kaninchensyphilis (Spirochätose, Treponematose, Spirochaetosis cuniculi), nur bei Kaninchen vorkommend

Yersinia pseudotuberculosis: gramnegatives Bakterium, mit dem sich auch der Mensch infizieren kann und das durch Nagetiere, Hasenartige, Wildvögel, kontaminiertes Futter oder Einstreu übertragen wird - Erreger der Rodentiose, (Pseudotuberkulose, Nager-Tuberkulose)

27.2.2 Pasteurellose

Häufiges Krankheitsbild der Pasteurellose ist der ansteckende Kaninchenschnupfen. Sie ist eine typische multifaktorelle Erkrankung, für deren Ausbruch mehrere Belastungsfaktoren verantwortlich sind. Die Erreger Pasteurella multocida sind auch bei gesunden Tieren in der Nasenhöhle und den Nasenschleimhäuten vorhanden, schlechtes Klima oder Zugluft aber schwächen die Immunabwehr, führen zu einer Ausbreitung der Erreger und somit dem Ausbruch der Krankheit. Sie äußert sich durch wässrigen, später eitrigen Nasenausfluss. Durch das Putzen sind auch die Vorderläufe verschmutzt. Hörbar ist das Niesen und eine erschwerte Atmung. Ohne Behandlung sterben die Tiere nach 2 - 8 Tagen. Die Behandlung mit Antibiotika (z.B. Baytril®) kann eine Besserung der Symptome erreichen, die Tiere bleiben jedoch infiziert und eine Verschlechterung der Umgebungsbedingungen oder andere Belastungen wie Mangelernährung (z.B. fehlende Vitamine) kann sie jederzeit wieder ausbrechen lassen. Häsinnen geben die Erreger an die Jungtiere weiter, deshalb sollte mit infizierten Tieren auf keinen Fall Nachwuchs gezeugt werden.

27.2.3 Bordetellose

Das Krankheitsbild ist ähnlich wie das der Pasteurellose: Schnupfen, Niesen und Bindehautentzündung. Die Erreger Bordetella bronchioseptica werden auch bei gesunden Tieren nachgewiesen, oft gemeinsam mit denen der Pasteurellose - siehe Kapitel 27.2.2. Für die Haupterreger Pasteurella multocida und Bordetella bronchioseptica gibt es Schutzimpfungen.

27.2.4 Rodentiose

Die Krankheit kommt überwiegend bei Feldhasen vor, befällt aber auch Kaninchen und Nagetiere. Die Übertragung erfolgt durch die Aufnahme der Erreger, die von anderen Tieren eingeschleppt werden. Die Krankheitsanzeichen sind recht unspezifisch wie Abmagerung, Durchfall und Fieber. Erkrankte Tiere sterben oft, weil die Symptome nicht rechtzeitig erkannt werden. Eine Behandlung kann bei Einzeltieren mit Antibiotika versucht werden, ist aber meist auf Grund des späten Erkennens erfolglos.

27.2.5 Tuberkulose

Die Tuberkulose ist eine seltene, chronisch verlaufende Infektionskrankheit, die Abmagerung und Atembeschwerden verursacht und durch Mykobakterien von Rindern und Vögeln übertragen wird. Eine Behandlung der Krankheit ist zwecklos.

27.2.6 Tularämie

Andere Bezeichnungen dieser tödlich verlaufenden Infektionskrankheit sind Hasenpest oder Nagerpest. Sie befällt wildlebende Nagetiere, die Erreger werden von Parasiten wie Zecken, Flöhen, Mücken, Läuse oder Milben übertragen. Die Symptome sind unspezifisch wie Mattigkeit und Fressunlust. Der Tod tritt nach 2 - 4 Tagen ein. Diese Krankheit ist meldepflichtig.

27.2.7 Salmonellose

Salmonellen lösen bei allen Tierarten und dem Menschen Krankheiten aus. Entscheidend ist hierbei die Menge der Erreger. Faktoren wie mangelnde Hygiene begünstigen das Auftreten der Krankheiten, die Ansteckung erfolgt über den ausgeschiedenen Kot, der Trinkwasser oder Einstreu kontaminiert oder durch Nagetiere wie Mäuse und Ratten. Typische Symptome sind Fressunlust und stinkender Durchfall.

27.2.8 Staphylokokkose

Staphylokokken kommen auch bei gesunden Tieren vor und sind auf der Haut und Schleimhäuten nachzuweisen. Sie verursachen unterschiedliche Krankheitserscheinungen und infizieren sowohl Jungtiere über die Muttermilch als auch erwachsene Tiere. Es gibt akute Erkrankungen mit dem Tod nach 1 - 2 Tagen als auch chronische Erkrankungen mit Eiterherden in betroffenen Organen sowie Haut-, Lymphknoten-, Gelenk- und Zahnfachentzündungen. Die Behandlung erfolgt mit Antibiotika.

27.2.9 Pseudomoniasis

Die Krankheit (Haut- und Schleimhautinfektion) wird durch stark mit den Erregern verschmutztes Futter oder Wasser ausgelöst und äußert sich durch bei chronischem Verlauf durch Geschwüre in der Maulschleimhaut und auf der Haut am ganzen Körper. Hier kann eine Behandlung mit Antibiotika erfolgen - bei akutem Verlauf kommt die Behandlung meist zu spät.

27.2.10 Listeriose

Die Übertragung der Erreger erfolgt über Mäuse und Ratten sowie verfaultes Gras. Im akuten Fall sind die Tiere apathisch und fressen nicht, tragende Häsinnen verwerfen. Bei chronischem Verlauf zeigen die Tiere auf Grund der Gehirnhautentzündung eine schiefe Kopfhaltung. Die Behandlung erkrankter Tiere ist erfolglos.

27.2.11 Tyzzer'sche Krankheit

Von der Krankheit sind hauptsächlich Jungtiere oder Tiere betroffen, die durch eine andere Krankheit immungeschwächt sind. Die Übertragung erfolgt über die Aufnahme von Wasser und Futter durch z.B. Ratten oder Mäuse. Symptome sind Bewegungslosigkeit und Durchfall. Die Diagnose erfolgt meist post mortem.

27.2.12 Mukoide Enteropathie, Darmlähmung, EC

Für die Erkrankung gibt es verschiedene Bezeichnungen: mukoide Enterocolitis, Darmlähmung, Mukoide Enteropathie (ME), Seuchenhafte Enteropathie, bakterielle Enteritis, engl. Epizootic rabbit enteropathy (ERE). Sie ist kontagiös (ansteckend) und entsteht durch eine Belastung des Darmes (Entzündung) durch verschiedene Bakterien, insbesondere Clostridien, deren Ausscheidungen toxisch sind. Die genaue Ursache der Krankheit ist noch ungeklärt, wie bei vielen Infektionen spielen jedoch mehrere Ursachen eine Rolle. Es wurden verschiedene Clostridien wie C.

perfringens Typ A und C; C. spiroforme, C. sardelli und C. piliformis isoliert, die von zentraler Bedeutung sind, weiterhin auch pathogene E. coli-Serotypen.

Die Krankheit ist seit dem Ausbruch Frühjahr 1997 in der französischen Region Rhone-Alpes bekannt. Innerhalb kürzester Zeit verbreitete sie sich vor allem in Zentren der Kaninchenfleischerzeugung in ganz Europa, griff schließlich auch auf Zuchtstätten und letztendlich auf Hauskaninchen über. In der Diskussion für die Krankheitsursache ist, neben anderen Faktoren, der Rohfasergehalt bzw. die Struktur der Rohfaser - also die Faserlänge und -zusammensetzung. Diese ist insbesondere bei der Fütterung mit Pellets durch die Zermahlung der Bestandteile nicht mehr oder nur noch unzureichend vorhanden.

Ein weiterer Erklärungsversuch bildet eine zu eiweißreiche Ernährung, was aber der Nahrung der Wildkaninchen widersprechen würde. Sicher kann sie für Jungtiere ein Problem bis zu einem Alter von etwa 6 - 8 Wochen darstellen. Es sind also noch weitere Ursachenforschungen nötig.

Ist ein Bestand einmal betroffen, so verbleiben die Erreger nach bisherigen Erkenntnissen im Bestand, so dass die Enterocolitis immer wieder auftritt. Im Moment werden erkrankte Tiere mit einem stallspezifischen Impfstoff behandelt, der nach Einsendung von Kotproben und einer Diagnose auf ME hergestellt wird.

27.2.13 Kaninchenschnupfen

Kaninchen in Außenhaltung erkranken seltener als Wohnungstiere. Beheizte Räume, trockene und/oder zugige Luft führen zu einer Reizung der Nasenschleimhäute. Begünstigt wird die Infektion durch eine schlechte Immunabwehr, die wiederum oft auf Fütterungsfehler zurückzuführen ist. Normalerweise atmet das Kaninchen nur durch die Nase und nicht durch das Maul. Wenn dies aber der Fall sein sollte, weist das auf Atemprobleme hin, die entweder an Hitze oder einer Erkrankung der Atemwege liegen können. Haupterreger des Schnupfens sind Pasteurellen, außerdem Bordetellen sowie Strepto- und Staphylokokken. Der Schnupfen äußert sich durch häufiges Niesen sowie Nasenausfluss. Problematisch ist die Behandlung, weil sich die Erreger in den Nasennebenhöhlen festsetzen und dort für Medikamente schwer erreichbar sind. Einmal infizierte Tiere können immer wieder erkranken. Deshalb ist die Stärkung des Immunsystems von großer Bedeutung.

27.3 Protozoen-Infektionen

27.3.1 Krankheitserreger

Protozoen ist eine veraltete Bezeichnung für tierische Einzeller, die keine Zellwand und im Gegensatz zu Bakterien einen Zellkern besitzen.

Toxoplasma gondii: parasitärer Einzeller, der hauptsächlich bei Katzen und Katzenartigen vorkommt - Erreger der Toxoplasmose

Encephalitozoon cuniculi: parasitärer Einzeller, der intrazellulär in Niere, Gehirn und anderen Organen lebt - Erreger der Encephalitozoonose

Kokzidien (Coccidia): parasitäre Sporentierchen, die intrazellulär in höheren Tieren leben - Erreger der Kokzidiose

27.3.2 Toxoplasmose

Wenn Katzen im Haushalt leben, ist die Ansteckung der Kaninchen mit Toxoplasmen-Oocysten des Katzenkots, die in das Futter oder Einstreu gelangen, möglich. Erkrankte Tiere zeigen Fressunlust und Bewegungsstörungen, später eine Lähmung der Hinterläufe. Kaninchen scheiden keine Toxoplasmen-Oocysten aus, weshalb sich der Mensch bei ihnen nicht infizieren kann.

27.3.3 Encephalitozoonose; Schiefhals-Krankheit, Head Tilt

Der Erreger Encephalitozoon cuniculi kommt in Kaninchen und Mäusen vor und wird über den Urin infizierter Tiere ausgeschieden. Ebenso wird eine Übertragung auf ungeborene Jungtiere in der Gebärmutter vermutet. Die Krankheitserscheinungen sind unspezifisch und stehen oft in Zusammenhang mit anderen chronischen Organerkrankungen (Nieren- und Augenerkrankungen, Erkrankung des zentralen Nervensystems). Typisch sind jedoch oft die schiefe Haltung des Kopfes sowie unkoordinierte Bewegungen. Da diese Erscheinungen auch bei anderen Erkrankungen auftreten, wird selten gleich die richtige Diagnose gestellt. Der Erregernachweis findet in den Zellen von Gehirn und inneren Organen statt, im Blut können die Antikörper gegen die Erreger nachgewiesen werden. Die Behandlung erfolgt u. a. mit Panacur® und Vitamin B (Panacur® ist ein reg. Warenzeichen der Hoechst AG, Frankfurt/M.; chemische Kurzbezeichnung: Fenbendazol).

27.3.4 Kokzidiose

Kokzidien kommen in verschiedenen Tierarten wie Hunden, Katzen, Kaninchen, Geflügel und Fischen vor und sind auch Bestandteil der normalen Darmflora. Entsprechend des Befalls von Organen unterscheidet man zwei Formen von Kokzidiose: die Darmkokzidiose und die Leber- oder Gallengangskokzidiose, wobei letztere eher selten vorkommt. Die Darmkokzidiose ist jedoch häufiger, kann vor allem Jungtiere treffen und ist eine typische multifaktorelle Erkrankung.

Kokzidien sind Endoparasiten, die sich im Körper ihres Wirtes vermehren und als so genannte Oozysten, dem exogenen Stadium (außerhalb des Körpers) der Kokzidien, mit dem Kot ausgeschieden werden. Bei Anwesenheit von Sauerstoff und Feuchtigkeit werden sie keimfähig (Sporulation) und erlangen ihre Infektionsfähigkeit in Abhängigkeit von der Temperatur in 24 bis 72 Stunden. Vor Umwelteinflüssen geschützt werden sie durch eine Kapsel, so dass sie z.B. 10 Minuten lang eine Temperatur von 60°C überleben können. Nimmt das Kaninchen (z.B. mit der Nahrung) die Oozysten auf, werden Sporozoiten (Parasiten im infektiösen Stadium) freigesetzt, die durch Gallensalze und Verdauungsenzyme aktiv werden und in die Darmschleimhautzellen eindringen. Dort erfolgt eine Teilung durch die ungeschlechtliche Vermehrung. Durch die Besiedlung sterben die Schleimzellen ab. Normalerweise werden sie in einem Zeitraum von 5 - 6 Tagen wieder neu gebildet. Werden jedoch durch einen starken Befall mehr Schleimzellen zerstört als sich regenerieren können, werden auch tiefer liegende Schleimzellen zerstört und somit die Schleimhaut geschädigt. Nach der ungeschlechtlichen folgt die geschlechtliche Vermehrung der Sporozoiten, woraus wiederum neue Oozysten entstehen. Festgestellt wird die Krankheit durch die Untersuchung von Kotproben. Da die Oozysten nicht regelmäßig ausgeschieden werden, muss der Kot über einen Zeitraum von 2 - 3 Tagen gesammelt und untersucht werden. Die Erkrankung äußert sich in starkem Durchfall, der durch die Zerstörung der Darmschleimhaut auch blutig sein kann und säuerlich riecht. Kokzidien sind wirtsspezifisch und können nicht auf den Menschen übertragen werden. Außerhalb des Wirtes können sie jahrelang überleben, erfolgreich abgetötet werden sie durch länger einwirkende Temperaturen von über 80°C. Von der Prophylaxe gegen Kokzidiose durch Futter mit einem beigemischten Antikokzidium wird verschiedentlich abgeraten, da es die Erreger resistent für eine Behandlung machen soll. Als probates Mittel zur Vorbeugung von Darmproblemen hat sich die gelegentliche Gabe von etwas Obst- oder Apfelessig in das Trinkwasser erwiesen. 2 Esslöffel auf einen Liter Wasser sind hierfür ausreichend. Behandelt wird Kokzidiose üblicherweise mit Antikokzidia wie Toltrazuril (Baycox®). (Baycox® ist ein eingetr. Warenzeichen der Bayer AG Leverkusen)

Baycox® (Wirkstoff Toltrazuril) 10mg Wirkstoff/kg 1 x tägl. p.o.; 3 Tage Behandlung - 3 Tage Pause - 3 Tage Behandlung

Dosierung für eine 2,5%ige Lösung: 0,4ml/kg Körpergewicht + 0,2ml/kg KG Propylenglycol (zur Pufferung, aus d. Apotheke) + 0,2 ml/kg KG Wasser (zur Verdünnung). Der Behandlungsplan ist unbedingt einzuhalten, da sonst wieder Oozysten ausgeschieden werden. Die 2,5%ige Lösung ist speziell für Geflügel entwickelt und unterscheidet sich von der 5%igen Lösung in der Zusammensetzung. Es wirkt stark schleimhautreizend. Empfehlenswerter ist daher die 5%ige Lösung.

Dosierung für eine 5,0%ige Lösung: 0,2 ml/kg Körpergewicht

27.4 Pilzinfektionen (Mykosen)

27.4.1 Krankheitserreger

Pilze werden als eigenes Reich neben den Pflanzen und Tieren betrachtet und sind enger mit Tieren als mit Pflanzen verwandt. Sie sind Mikroorganismen, die in der Natur weit verbreitet sind und von denen einige Arten Erkrankungen hervorrufen. Die Sporen als Dauerform sind über Jahre vermehrungs- und infektionsfähig. Vor allem Schimmelpilze bilden giftige Stoffe (Aflatoxine), die Krankheiten verursachen können.

Trichphyton: Haut- und Haarpilze - Erreger von Hautflechten, Dermatomykose (Hautpilz), verursacht Haarausfall, auf Menschen übertragbar

Aspergillus fumigatus: Schimmelpilz, dessen natürlicher Lebensraum auch Heu ist und durch Einatmen in die Atmungsorgane gelangt - Erreger der tödlich verlaufenden Lungenmykose

27.4.2 Hautpilzerkrankungen

Sie können durch Ansiedelung von verschiedenen Pilzen auf der Haut entstehen. Sporen können z.B. auch durch im Haushalt lebende Tiere wie Hunde und Katzen übertragen werden. Typische Symptome für einen Befall sind Ringflechten, Haarausfall, gerötete und schuppige Haut. Die Diagnose wird durch eine Laboruntersuchung von Schuppen und Haaren. Betroffene Stellen sollten weiträumig frei geschnitten und die Aufenthaltsorte der Tiere gründlich desinfiziert werden - auch über eine Zeit des sichtbaren Befalls hinaus.

27.4.3 Pilze in inneren Organen

Pilzinfektionen innerer Organe sind beim Kaninchen selten und werden durch bestimmte Arten von Schimmelpilzen hervorgerufen. Diese Erkrankungen sind immer tödlich. Schimmelpilze können sich durch mangelnde Hygiene wie z.B. altes Einstreu und unsachgemäße Lagerung von Futter (feucht/warm) vermehren.

27.5 Parasitäre Erkrankungen

Je nach dem Aufenthalt im oder am jeweiligen Wirt (befallenem Organismus) wird zwischen Endo- und Ektoparasiten unterschieden: Endoparasiten leben im, Ektoparasiten auf oder an einem Organismus. Ein volkstümliches deutsches Wort für Parasiten ist Schmarotzer. Ektoparasiten sind beispielsweise Läuse, Zecken und Milben, ein Beispiel für Endoparasiten sind Kokzidien. Parasiten leben auf Kosten eines anderen Organismus. Dieser wird dabei normalerweise nie so weit geschädigt, dass er zugrunde geht, denn das würde dem Parasiten die Lebensgrundlage entziehen. Er schädigt aber den Wirt insofern, dass dieser an Wohlbefinden verliert und vor allem anfällig für Infektionen ist. Wirte sind normalerweise fähig, die Anzahl der Parasiten durch bestimmte Abwehrmaßnahmen in gewissen Grenzen zu halten. Ist der befallene Organismus jedoch auf Grund bestimmter Faktoren wie zum Beispiel Mangelernährung geschwächt, kann ein Parasitenbefall auch lebensbedrohlich werden.

In diesem Kapitel werden einige Ektoparasiten behandelt - bestimmte Arten von Protozoen (Kapitel 27.3) sind ebenfalls Endoparasiten.

27.5.1 Ektoparasiten

Milben: Verursacher der Räude. Milben vermehren sich extrem - jedes Weibchen legt bis zu 100 Eier ab, die sich in 9 - 12 Tagen zu neuen Milben entwickeln, wodurch in sehr kurzer Zeit Millionen Milben die Haut bevölkern können. [*Winkelmann 2006*]

Die Ohrräude wird durch Ohrmilben (Psoroptes cuniculi) verursacht und äußert sich durch Kratzen an den Ohren, Kopfschütteln, Grindbildung in den Ohrmuscheln, die eitrige Entzündungen hervorruft und gelegentlich Gleichgewichtsstörungen. Übertragen werden sie durch bereits befallene Tiere oder Fliegen, Mäuse und ihre Ausbreitung wird durch schlechte hygienische Bedingungen sowie feuchte Wärme begünstigt.

Die Kopf- und Hauträude wird durch verschiedene Milben wie Sarcoptes, Psoroptes und Notoedres verursacht und durch befallene Tiere übertragen. Sie äußert sich durch gerötete Haut, Schuppen und Haarausfall. Zur Bekämpfung der Milben ist eine wiederholte Behandlung nötig, um auch die Folgegeneration abzutöten.

Läuse: blutsaugende Insekten, die Rötungen und Entzündungen hervorrufen. Läuse der Kaninchen gehen normalerweise nicht auf den Menschen über.

Zecken: nur die erwachsenen Weibchen saugen Blut. Der natürliche Aufenthaltsort sind Gräser und Sträucher. Nach dem Saugen fallen sie vom Wirt ab.

Flöhe: blutsaugende Insekten, deren Entwicklung nicht auf dem Wirt, sondern bevorzugt an den Aufenthaltsplätzen von Tieren erfolgt. Der Befall äußert sich durch Rötungen und Schwellungen sowie Kratzen der Tiere. Zur Bekämpfung müssen vor allem auch die Gehege oder Ställe desinfiziert werden.

27.5.2 Endoparasiten

Neben den Protozoen treten auch Eingeweidewürmer (Helminthen) als Krankheitserreger auf. Zu den Wurmarten gehören die Rundwürmer (Nematoden), Bandwürmer (Zestoden) und Saugwürmer (Trematoden). Im Verdauungstrakt des Kaninchen parasitieren verschiedene Wurmarten: Magenwürmer, Dünndarmfadenwürmer, Zwergfadenwürmer usw.. Besonders bei der Haltung auf

Einstreu können die Parasiten eine krankmachende Bedeutung haben. Nach der Aufnahme von Wurmeiern z.B. aus dem Einstreu, von frischem Grün oder aus dem Kot entwickeln sich aus diesen im Magen oder Darm Würmer, die wiederum Wurmeier ausscheiden. Wurmlarven der Zwergfadenwürmer dringen durch die Haut in den Blutkreislauf der Kaninchen ein und gelangen über Lunge, Luftröhre und Rachen in den Dünndarm. Pfriemenschwänze und Peitschenwürmer leben im Dickdarm. Bei starkem Befall kommt es zu Abmagerung und Durchfall, gelegentlich kann sich ein Befall auch durch Verstopfung äußern. Nachgewiesen werden Wurmeier geschlechtsreifer Würmer durch die Untersuchung von Kotproben. Werden Würmer sehr spät, z.B. an den Kotplätzen gefunden, sollte zügig reagiert werden. Bei Fütterung mit frischem Grün von Wiesen ist eine Wurmbehandlung im Frühjahr und spät im Jahr angebracht.

Bandwürmer werden über Moosmilben aus dem Grünfutter übertragen und leben im Dünndarm von Kaninchen. Abhängig von der Art können diese bis zu 60 cm lang werden. Symptome der Erkrankung können eine Darmschleimhautentzündung und ein Abmagern des Tieres sein. Klarheit verschafft auch hier die Untersuchung des Kots.

27.6 Zahnkrankheiten

Zwei Hauptfaktoren für Zahnkrankheiten sind die Ernährung und Erbfehler.

27.6.1 Erbfehler

Es sei an dieser Stelle auf den Artikel "Ist die Zucht von Zwergkaninchen tierschutzgerecht?" von Prof. Dr. W. Rudolph *[Rudolph 1997]* verwiesen, der in eindrucksvoller Weise und fachlich fundiert zu diesem Thema Stellung bezieht (der Artikel kann in größeren Bibliotheken als Sammelband der Zeitschrift "Deutscher Kleintier-Züchter" über Fernleihe oder der einzelne Beitrag als Kopie bestellt werden).

Man unterscheidet zwischen skelettaler Malokklusion, die sich aus Unterschieden in der Länge und/oder Breite des Ober- und Unterkiefern entwickeln, dentaler Malokklusion durch eine Fehlstellung der Zähne oder einer Kombination von dentaler und skelettaler Malokklussion. Die Malokklusion ist eine Abweichung der Normokklusion, also der normalen, korrekten Zahnstellung. Skelettale Malokklusionen können meist als genetisch verursacht angesehen werden, während dentale Okklusionen in der Regel erworben werden - es sei denn, es liegt eine Fehlstellung bereits bei den Elterntieren vor.

Fakt ist, dass bei der Zucht von Zwergkaninchen, wie bei jeder anderen Tierart oder Rasse auch, Mutationen auftreten können, die unter anderem Zahnfehler verursachen. Von verantwortungsvollen Züchtern werden solche Tiere von einer weiteren Zucht ausgeschlossen. In den letzten Jahren werden jedoch zunehmend Kaninchen ohne fachlichen Hintergrund vermehrt und abgegeben. Vor allem Unwissen führt oft dazu, dass es sich hierbei auch um Tiere handelt, die diese Erbfehler verdeckt tragen, also selbst nicht aufweisen, aber als rezessives Erbmerkmal weitervererben. Weiterhin kann ein enger Verwandtschaftsgrad die Situation verschärfen. Diese Erbfehler treten dann oft erst in der Enkel- oder Urenkelgeneration wieder auf - für einen Halter ist dies oft nicht mehr nachvollziehbar. Hier kann nur dazu geraten werden, sich Abstammungsnachweise der Tiere vorlegen und bestätigen zu lassen, dass in den Zuchtlinien keine Zahnfehler oder andere vererbbare Krankheiten vorlagen.

Unter diesem Gesichtspunkt ist vor allem vom Kauf von Kaninchen in Zoohandlungen abzuraten, denn von diesen Tieren ist aus unserer Erfahrung so gut wie nichts bekannt. Empfehlenswert ist entweder ein Tier aus dem Tierheim, da hier auch oft eine Beratung zu den Tieren erfolgt oder ein seriöser Züchter. Bei ihm können auch die Elterntiere oder frühere Generationen besichtigt werden - eine fundierte fachliche Beratung ist auch hier obligatorisch. Natürlich kann es, wie überall, auch hier "schwarze Schafe" geben. Erblich bedingte Zahnfehler sind in der Regel nicht korrigierbar - eine lebenslange Behandlung ist darum nötig. Man kann jedoch den Abstand des Zeitraumes der nötigen Behandlung in einem gewissen Rahmen durch die Fütterung beeinflussen bzw. verlängern. Hierzu muss man wissen, dass die Zähne des Kaninchens zeitlebens wachsen. Nach [*Wolf & Kamphues1996*] forciert das Wachstum der unteren Schneidezähne den Abrieb der oberen, und zwar durch z. B. Grünfutter und Möhren. Als Zusammenfassung wird festgestellt, dass für den notwendigen Zahnabrieb nicht die Härte des Futters entscheidend ist, wie lange angenommen wurde (und auch heute verschiedentlich noch angenommen bzw. verbreitet wird). Für einen forcierten Abrieb der unteren Schneidezähne wäre eigentlich ein Kraftfutter günstiger.

Es ist wohl so, dass die Zeit des Kauens der entscheidende Faktor ist, da sich die Zähne aneinander abreiben und nicht am Futter. Aus diesem Grund ist die Verabreichung von Heu zur ständigen Verfügung sehr sinnvoll. Wenn das Grundfutter aus frischem Grünfutter besteht, muss sich der Halter jedoch keine Sorgen machen - denn dieses Futter erfüllt auf Grund der enthaltenen, hohen Flüssigkeitsmenge den gleichen Effekt - das Kaninchen muss relativ viel davon fressen, um satt zu werden - und erhält außerdem noch die benötigte Flüssigkeitsmenge, um z.B. Blasensteinen vorzubeugen. Dies ist bei getrennter Darreichung nicht unbedingt der Fall, da manche Tiere (wie Menschen auch) einfach zu wenig Wasser zusätzlich zum Heu aufnehmen.

Eine Kürzung von Schneidezähnen sollte auf keinen Fall mit einer Zange oder Stanze erfolgen, da dies eine Reihe negativer Nebenerscheinungen haben kann:

- durch den ausgeübten Druck können Verletzungen des Gewebes im Maul entstehen
- die Zähne können splittern
- scharfe Kanten an den Zähnen, die innere und äußere Partien des Mauls verletzen
- größere Schmerzen

Empfehlenswert ist das Schleifen der Zähne. Müssen Zähne gezogen werden, ist auch immer der gegenüberliegende Zahn zu entfernen, da er sich nicht mehr abnutzen kann und unkontrolliert wächst.

27.6.2 Ernährungs-/Fütterungsfehler

Bei vorwiegender Ernährung der Kaninchen mit hochenergetischen Futtermitteln wie z.B. verschiedenen Trockenfuttern besteht die Möglichkeit, dass die Tiere schnell satt werden und deshalb zu wenig kauen. Daraus resultiert eine zu geringe Abnutzung der Zähne. Wird eine verringerte Nahrungsaufnahme beobachtet, ist es möglich, dass auf den Backenzähnen Spitzen entstanden sind, die dem Tier beim Kauen Schmerzen bereiten. Es frisst weniger - mit den bereits bekannten Folgen. Deshalb sollte immer die gefressene Menge im Auge behalten werden, um Unregelmäßigkeiten schnell zu erkennen. Es sei noch einmal auf die enorm schnellen Wachstumsraten der Zähne verwiesen.

27.6.3 Abszesse

Abszesse sind eitrige Entzündungen im Kieferknochen bzw. in Zahnfächern. Hervorgerufen werden sie durch Verletzungen und unregelmäßig abgenutzte Backenzähne. Unterschiedliche bzw. zu geringe Abnutzung der Backenzähne bedingen unterschiedliche Druckverhältnisse auf die Zähne im Kiefer beim Kauen. Dadurch werden die Zähne gelockert und es können Keime in die Zahnfächer eindringen, die Entzündungen hervorrufen.

27.7 Augenkrankheiten

Oft werden sie bei allgemeinen Krankheiten wie Myxomatose oder Pasteurellose oder bakteriellen Infektionen festgestellt, aber auch schlechte, ammoniakhaltige Luft von selten gereinigten Kotplätzen und Zugluft können eine Entzündung hervorrufen, die sich durch eine Trübung der Hornhaut zeigt. Tränende Augen; eitriger Nasen- oder Augenausfluss bzw. Bindehautentzündungen können auch ein Zeichen von Zahnfehlstellungen bzw. allgemein von Zahnproblemen sein.

27.8 Magen- und Darmkrankheiten

27.8.1 Magenblähung/Trommelsucht

Aufblähen des Magens durch Gase. Ursache ist meist frisches Grünfutter, welches zu warm gelagert wird. Durch die Gärung im Futter entstehen Gase, die den Magen aufblähen und durch eine Magensonde abgeführt werden müssen. Wird die linke Magenseite abgeklopft, ist ein hohler, trommelartiger Ton zu hören. Wird nicht schnell gehandelt, sterben die Tiere an Kreislaufversagen.

27.8.2 Magenüberladung

Durch die schnelle Aufnahme von Futter nach Fasten oder verschlucktes Fell, das sich im Magen zu Bezoaren entwickelt, können Verstopfungen verursacht werden. Auf Grund der fehlenden Möglichkeit des Erbrechens kann sehr schnell der Tod eintreten.

27.8.3 Dysenterie

Durch Viren oder Bakterien hervorgerufene, entzündliche Darmerkrankung, die vor allem bei Jungtieren auftritt. Hauptfaktoren für diese multifunktionelle Erkrankung sind eine falsche Ernährung der Jungtiere oder plötzliche Futterumstellungen und damit verbundener Vermehrung von Parasiten wie Kokzidien und Bakterien wie E. coli und Clostridien. Symptome sind ein starker Durchfall und Apathie. Das Gift der Bakterien schädigt den Kreislauf der Tiere, die bei einem schnellen Krankheitsverlauf an Enterotoxämie (perakut verlaufende Vergiftung durch Bakteriengifte) sterben. Bei einem langsamen Krankheitsverlauf kann die Behandlung mit einem Breitbandantibiotikum versucht werden.

27.8.4 Diät bei Darmerkrankungen

Die oft empfohlene Heu-/Wasserdiät bei Durchfällen ist aus unserer Sicht ungeeignet, ein Kaninchen gesund werden und zu Kräften kommen zu lassen. Gerade bei Magen- oder Darmerkrankungen sind bestimmte Nährstoffe wichtig, die in der getrockneten Notnahrung nicht oder nur unzureichend enthalten sind (aus diesem Grund ist auch die frische Variante bei gesunden Tieren vorzuziehen). In [*Ewringmann 2005*] werden bei Diarrhöe folgende unterstützende Fütterungsmaßnahmen empfohlen: bei akuten wässrigen Durchfällen aufgeschlossene Getreide wie Zwieback und Haferflocken, ansonsten hochwertiges Heu, Möhren und Gemüse, Banane, Grünfutter wie z. B. Möhrengrün und Kräuter sowie Haferkleie. Die leicht verdauliche Rohfaser aus qualitativ hochwertigem Heu oder frischem Grün, Mohrrüben und anderem Gemüse liefert aus leicht, aber langsam fermentierbaren Kohlenhydraten flüchtige Fettsäuren für die nötige Energie, Banane erzeugt durch die Bildung einer gelartigen Oberfläche einen Schutz der Darmschleimhaut, Kleien binden abführende Gallensäuren und aufgeschlossenes Getreide wie Haferflocken sorgt ebenfalls für Energie. Zusätz-

lich ist viel Bewegung an frischer Luft empfehlenswert, da sie die Verdauung anregt. Dadurch werden Schadstoffe, die von Bakterien gebildet werden, schneller abgeführt.
Grundsätzlich gilt jedoch, die Ursache des Durchfalls festzustellen und gegebenenfalls Ernährung oder Haltungsbedingungen entsprechend zu ändern. Die Vermehrung von Parasiten oder Bakterien hat oft wiederum eine Ursache, die meist in der Fütterung oder der Umwelt zu finden sind.

27.9 Erkrankungen der Harnorgane

Harnorganerkrankungen sind meist bakteriell bedingt und entstehen oft gleichzeitig mit allgemeinen Infektionen. Nierenerkrankungen sind schwer festzustellen und ein rechtzeitiges Erkennen erfordert eine genaue Beobachtung der Tiere. Symptome sind eine höhere Flüssigkeitsaufnahme und verminderten Harnabsatz. Harnblaseninfektionen äußern sich durch Harnträufeln, welches durch nasse Schenkelinnenseiten erkannt werden kann. Diese Entzündungen können auch Blasensteine verursachen.

27.9.1 Blasensteine

Blasensteine können durch Entzündungen der Harnorgane oder durch Ausfällen von Calcium in Nieren, Harnleiter oder in der Harn-Blase entstehen. Weiterhin gelten ein zu hoher Calciumgehalt im Futter und in der Nahrung, die viel Qxalsäure enthält, als fördernd (siehe auch Kapitel 18.2). Am häufigsten werden Blasen- und Harnröhrensteine sowie Harngrieß festgestellt. Steine als auch Grieß führen zu Reizungen an der Blasenschleimhaut und können somit Entzündungen mit bakterieller Beteiligung verursachen. Festgestellt werden sie durch eine Röntgenuntersuchung.

28 Zoonosen

Als Zoonosen werden Krankheiten bezeichnet, die zwischen Menschen und Tieren übertragen werden. Die Infektion des Menschen durch ein Tier hängt von verschiedenen Faktoren ab, unter anderem von der Anzahl im Haushalt lebender Tiere, hygienischen Bedingungen und vom Immunstatus von Mensch und Tier. Weiterhin spielt der Umgang, also das Verhalten des Menschen gegenüber dem Tier eine wichtige Rolle (enger Kontakt durch Küssen und Schmusen der Tiere, gemeinsames Essen usw.). Laut einer Studie [*Ebrecht & Müller 2004*] sind Dermatophytosen (Hautpilz) und Ektoparasitosen (Parasiten wie z.B. Milben) die am häufigsten übertragenen Erkrankungen. Gefunden wurden bei Kaninchen vor allem Fadenpilze (Dermatophyten), Raubmilben (Cheyletiella parastivorax) und das Bakterium Encephalitozoon cuniculi. Dieses Bakterium ist der Erreger der Encephalitozoonose, eine vor allem bei Kaninchen, Mäusen und Hundeartigen auftretenden Erkrankung. Sie ist auch auf Menschen übertragbar, die an einer Immunschwäche leiden (Aids). Weitere, übertragbare bakterielle Erkrankungen, sind Salmonellose (Kapitel 27.2.7), Tuberkulose (Kapitel 27.2.5), Yersiniose (Rodentiose, Pseudotuberkolose, Kapitel 27.2.4), Listeriose (Kapitel 27.2.10) und Tularämie (Kapitel 27.2.6).

Die Dermatophytose ist eine multifaktorelle Erkrankung, die besonders durch Stress, schlechte Haltung (Hygiene) und mangelhafter Ernährung hervorgerufen wird. Sie äußert sich durch Juckreiz und ist an kreisrunden, haarlosen Stellen im Fell erkennbar. Auf den geschädigten Hautstellen siedeln als zusätzliche Komplikation oft Bakterien, die z.B. die Ringflechte verursachen, die auch auf den Menschen übertragen wird.

Zu den häufigsten Ektoparasitenerkrankungen zählen die durch Milben verursachten - so z.B. Saug- und Raubmilben. Auch Flöhe werden übertragen, da sie nicht besonders wirtsspezifisch sind. Die

Encephalitozoonose ist eine häufige Ursache von Störungen des zentralen Nervensystems des Kaninchens, die sich oft durch die charakteristische Kopfschiefhaltung äußert - hervorgerufen durch Encephalitis und/oder Meningitis. Die Erreger tragen viele Tiere in sich, aber erst durch zusätzliche Faktoren wird die Infektion ausgelöst. Die Übertragung der infektiösen Sporen erfolgt über den Harn, der wiederum Futter und Einstreu kontaminiert. Die Krankheit kann vor allem für immunschwache Menschen (HIV-positive Patienten) gefährlich werden.

29 Kastration von Kaninchen

Kastrieren bedeutet die operative Entfernung der Keimdrüsen - auch Geschlechtsdrüsen oder Gonaden genannt. Beim männlichen Tier sind dies die Hoden, beim weiblichen die Eierstöcke. Bei einer Sterilisation werden bei männlichen Tieren die Samenleiter, bei weiblichen die Eileiter durchtrennt. Während bei Rammlern eine Kastration relativ unkompliziert ist, bedeutet das für weibliche Tiere einen Bauchschnitt mit entsprechenden Risiken. Kastriert werden die Tiere normalerweise, um eine unkontrollierte Vermehrung zu verhindern. Zunehmend werden jedoch auch Gründe aufgeführt, die eher eine problemlosere Haltung der Tiere ermöglichen soll und deshalb zumindest zu hinterfragen sind.

29.1 Kastration von Rammlern

Die Kastration von Rammlern dient vor allem der Verhütung und der Möglichkeit, auch sie in Gesellschaft zusammen halten zu können. Dies ist für unkastrierte Tiere normalerweise nicht oder nur selten möglich, da geschlechtsreife Rammler die Rangordnung auf meist sehr blutige Art auskämpfen, was erhebliche gesundheitliche Schäden verursachen kann. Der Eingriff ist vergleichsweise unkompliziert, wobei Probleme durch die Narkose auch hier nicht ausgeschlossen werden können. Kastrierte Rammler sind in bereits bestehende Kaninchengruppen relativ problemlos zu integrieren.

Eine Frühkastration, das heißt die Kastration vor der Geschlechtsreife, kann nach Empfehlungen verschiedener Tierärzte zwischen der 6. und 8. Lebenswoche erfolgen. Somit kann eine Trennung von Artgenossen vermieden werden, da die Produktion von Spermien noch nicht begonnen hat. Die spätere Kastration bereits geschlechtsreifer Rammler ab ca. der 12. Woche erfordert nach unserer Erfahrung eine Trennung von weiblichen, geschlechtsreifen Häsinnen von mind. 2 Wochen.

29.2 Kastration von Häsinnen

Die Kastration von weiblichen Tieren ist nicht ganz so unproblematisch wie bei Rammlern, da ein größerer Bauchschnitt mit der nötigen tiefen Narkose verbunden ist, die ein nicht zu unterschätzendes Risiko darstellt.

Noch lehnen viele Tierärzte eine pauschale, vorbeugende Kastration von weiblichen Tieren ab, die Tendenz ist jedoch zunehmend. Als Grund wird fast ausschließlich die Angst vor Krebs bzw. Veränderungen an der Gebärmutter angeführt. Dies betrifft vor allem Tiere ab ca. 2 - 3 Jahre. Für Wildkaninchen wäre das ein vergleichsweise hohes Alter, obwohl auch schon Wildtiere mit einem geschätzten Alter von 10 Jahren gefunden wurden. Viele Tierärzte empfehlen eine Kastration weiblicher Tiere nur bei eindeutigem, klinischem Befund. Vor allem sollten Eingriffe aus Gründen von Verhaltensauffälligkeiten unterlassen und nach Möglichkeit die Ursachen dafür gefunden werden.

30 In eigener Sache

Gelegentlich klingt es in den verschiedenen Kapiteln an - aber trotzdem werden sich jetzt viele fragen: Und wie haltet Ihr Eure Tiere? Schlau daher schreiben - und selbst?

Wir haben es uns im Verlauf unserer Kaninchenhaltung und -zucht mit der Zeit und dem Zuwachs an Informationen immer schwerer gemacht. Angefangen hat es mit der üblichen Haltung in der Wohnung mit Käfig und tagsüber Auslauf für 4 Tiere, die nur zu unserer Freude angeschafft wurden und weil wir einen Garten für genügend Auslauf haben. Weil 2 Tierärzte und eine Arzthelferin deren Geschlecht falsch bestimmten, kamen wir in kürzester Zeit zu 3 Würfen.

So lernten wir Lektion Nr. 1: die Häsin kann bereits unmittelbar nach der Geburt wieder gedeckt werden. Die Tiere wurden mitsamt der Kinderschar dauerhaft in den Garten in ein Freigehege umgesiedelt. Anfängliche Sorgen auf Grund von Warnungen im Internet - unserer damaligen, bevorzugten Informationsquelle - die Rammler würden die Jungtiere zerfleischen, lösten sich bald in Nichts auf. Wir versorgten die Tiere mit ausgewählten, nur uns bekannten Gräsern und Kräutern. Sorgfältig wurde der Garten auf suspekte Pflanzen untersucht, die für Kaninchen eventuell gefährlich werden könnten. Die Jungtiere wurden strikt von der Mutter getrennt gefüttert - jedes Krümelchen Trockenfutter, dass daneben fiel, wurde entfernt.

Mit der Zeit wurde, auch auf Grund der Menge der Tiere, die Beschaffung von Grünfutter intensiviert, was natürlich die anfängliche Auslese immer schwieriger machte - bis sie schließlich ganz entfiel. Denn wir merkten mit der Zeit, dass sich die Tiere in dem vorgelegten Grün selbst bestimmte Pflanzen aussuchten. Gleichzeitig begannen wir, die Informationsbeschaffung auf Fachliteratur abseits des Internets zu verlegen. Heute raufen wir uns die Haare, wenn wir in Foren Informationen lesen, die aus Unkenntnis weitergegeben werden und sich fest etablieren - immer zum Nachteil der Tiere, jedoch meist zum Vorteil des geringeren Aufwandes für die Halter.

Das Freigehege wurde später abgeschafft, weil wir die Reinigung des Bodens (und z.B. Entfernung von Krankheitserregern wie Oozysten) nicht gewährleisten können.

Heute sind die Tiere nachts in Ställen (80 x 80cm) untergebracht und tagsüber haben sie den ganzen Garten (ca. 200m^2) zur Verfügung. Im Gegensatz zu vielen Behauptungen bedeutet das nicht eine tägliche, neue Zusammenführung und sie haben sich an diesen Rhythmus gewöhnt. Die Tiere sind äußerst vital, wovon sich auch unsere Tierärztin immer wieder überzeugen kann. Den Unterschied merken wir vor allem, wenn wir fremde Tiere bekommen. Diese stammen meist aus Haltungen mit Heu/Gemüse-Fütterung und nehmen bei uns oft erst einmal zu - bis sie ihr genetisch festgelegtes Endgewicht erreicht haben.

Bei unseren Tieren handelt es sich um so genannte "Teddyzwerg"-Kaninchen. Dies ist keine anerkannte Rasse und wird es wohl auch in absehbarer Zeit nicht werden, da zu viele "Züchter" ohne fachlichen Hintergrund Tiere vermehren. Bei uns leben noch bis zu 5 Tiere, die optimal versorgt sind und gelegentlich ihrer Bestimmung - nämlich Nachwuchs zu zeugen - nachkommen "dürfen". Über die Jungtiere freuen sich vorrangig Familien mit Kindern, die eine ähnlich Haltung wie wir realisieren können und vor allem wollen - und ihnen somit ein fast artgerechtes Leben ermöglichen.

31 Das Wildkaninchen

31.1 Systematik

Bild 129: Einordnung des Wild-/Hauskaninchens in das zoologische System

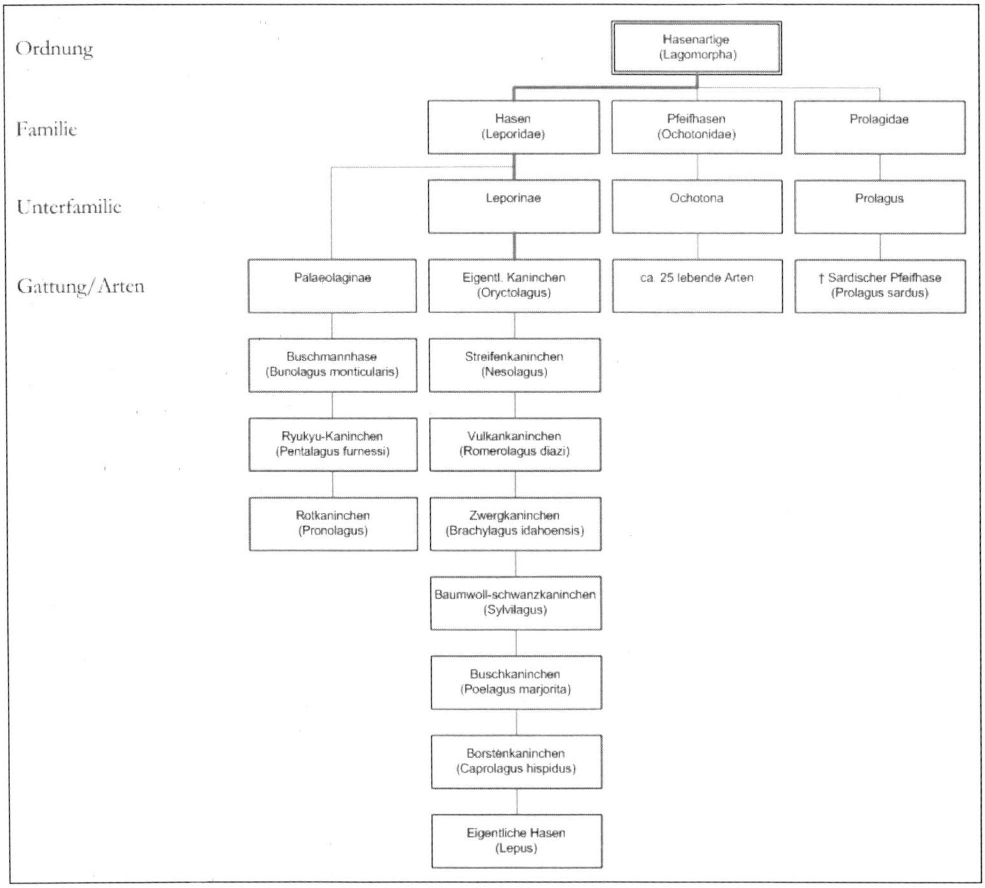

Anmerkungen: Gattungen haben einen einteiligen, Arten innerhalb einer Gattung einen zweiteiligen (binominalen) Namen. Ist in Gattung/Art nur ein zweiteiliger Name aufgeführt, so gibt es in dieser Gattung nur diese eine Art. Diese Zuordnungen in das zoologische System versucht den vielen verschiedenen, zum Teil sehr neuen Erkenntnissen gerecht zu werden. So ist z.B. die Überordnung "Superprimates" noch nicht weit verbreitet und es gibt noch keine deutsche Entsprechung für die Bezeichnung. Der "Sardische Pfeifhase" ist eine ausgestorbene Kaninchenart.

Das Europäische Wildkaninchen gehört im zoologischen System zur Ordnung der Hasentiere und ist nicht mit Nagetieren verwandt. Alle uns bekannten Hauskaninchen und dessen Züchtungen gehen auf diese Stammform zurück - z.B. auch die Rasse "Deutsche Riesen" mit einem Gewicht bis zu 12 kg.

Das Zwergkaninchen in diesem System hat nichts mit der Zuchtform des Hauskaninchens gemeinsam, sondern ist eine eigene kleine Art, die eng mit den Baumwollschwanzkaninchen verwandt ist und im Nordwesten der USA lebt. Sein Gewicht beträgt zwischen 230 - 450g.

In der Gattung Eigentliche Kaninchen (Oryctolagus) ist das Europäische Wildkaninchen die einzige Art, jedoch gibt es einige anerkannte Unterarten[*Boback 2004*] (Bild 130).

Bild 130: Unterarten des Wildkaninchens

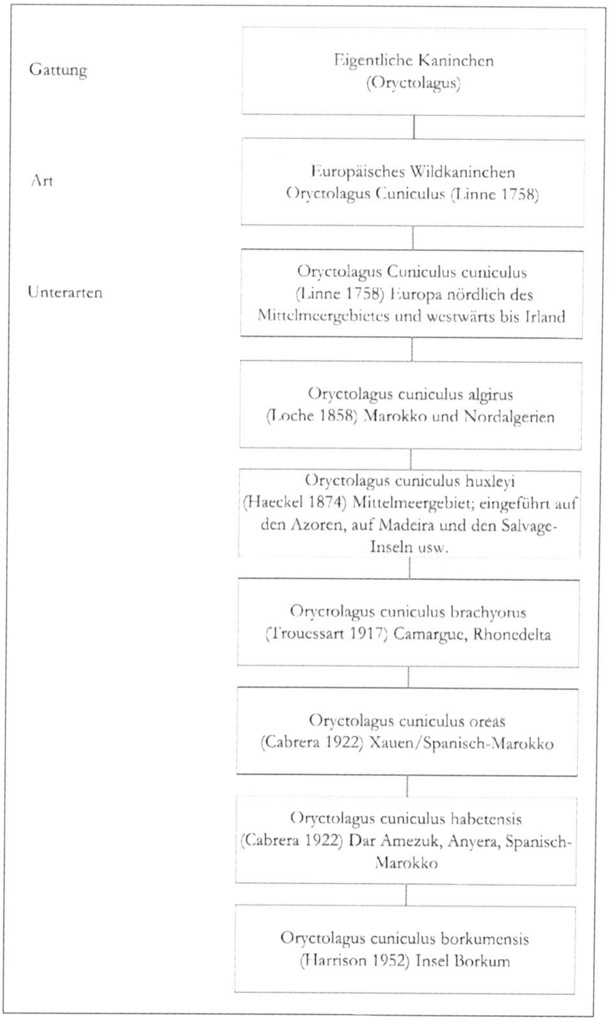

Die Unterart Oryctolagus cuniculus borkumensis (nach Harrison 1952) ist jedoch laut Haltenorth keine eigene Unterart, da der Vergleich mit Festlandkaninchen keine durchgehenden Unterschiede ergeben hat. [*Haltenorth 1952*]

Eine Kreuzung zwischen Hasen und Kaninchen ist genetisch bedingt theoretisch nicht möglich: Kaninchen haben 44, Hasen 48 Chromosomen (Mensch = 46). Da also der jeweilige "Bauplan" für das Leben, die DNS, verschieden ist, können keine Nachkommen gezeugt werden - zumindest ist eine gelungene Kreuzung zwischen Kaninchen und Hasen bis heute nicht bekannt. Das Hasenkaninchen, dessen Körperbau dem Hasen ähnelt, ist keine Kreuzung zwischen den beiden Arten, sondern eine Zuchtform des Wildkaninchens, die ursprünglich aus Belgien stammt.

31.2 Gestalt und Körperbau

Bild 131: Wildkaninchen

© Ai-Lan Lee - Fotolia.com

Bild 132: Feldhase

© Jean-Marc Strydom - Fotolia.com

Insgesamt sind Wildkaninchen deutlich kleiner als Feldhasen. Sie haben ein graubraunes Fell, welches im Nacken braun/rostrot gefärbt ist, während die Bauchseite eine weißliche bis cremefarbene Färbung aufweist. Die Ohren (Löffel) sind einfarbig, während der Feldhase schwarze Ohrspitzen aufweist. Sie sind im Gegensatz zum Hasen kürzer als der Kopf.

Der Schwanz, auch "Blume" genannt, wird ca. 6 cm lang und ist an der Unterseite ebenfalls weißlich gefärbt. Die Hinterbeine sind deutlich länger als die Vorderbeine und ermöglichen dem Wildkaninchen hohe Geschwindigkeiten, weite Sprünge und kurze, extreme Richtungswechsel. Die max. Fluchtgeschwindigkeit kann bis zu 40 km/h betragen. Die gesamte Länge des Kaninchens (Kopf und Rumpf) liegt zwischen 35 - 45 cm.

Die Körpergröße und Fellfarbe können je nach Verbreitungsgebiet variieren. Der Kopf hat eine längliche Form, die Augen sind sehr groß und weisen auf überwiegende Aktivitäten in der Dunkelheit hin.

Tabelle 19: Vergleich einiger Merkmale von Wildkaninchen und Feldhase nach [*Nachtsheim 1977*]

Wildkaninchen	Feldhase
Lebensweise	
Höhlenbewohner, gräbt Erdbaue	Feld-, Wiesen und Waldbewohner, lebt oberirdisch im offenen Lager (Sasse)
gesellig, in Kolonien lebend	ungesellig, paarweise lebend
Warnt durch Aufschlagen der Hinterläufe auf den Boden	Keine Warnung
Fortpflanzung	
31 Tage Tragezeit	42 Tage Tragezeit
Junge bei der Geburt nackt und blind, Nesthocker	Junge bei der Geburt behaart und sehend, Nestflüchter
Wurfgröße 4-12 Junge	Wurfgröße 1-4 Junge, sehr selten mehr
Körperbau	
Gewicht 2-3 kg (alter Rammler)	Gewicht 5-6 kg (alter Rammler)
Körperlänge 40-45 cm	Körperlänge 60-70 cm
Kopflänge 8 cm	Kopflänge 12 cm
Schwanzlänge 6 cm	Schwanzlänge 9-10 cm
Ohrlänge 7-8 cm	Ohrlänge 12-14 cm
Ohr kürzer als Kopf, erreicht angedrückt nicht Schnauzenspitze	Ohr länger als Kopf, ragt über Schnauzenspitze hinaus
Gedrungener Bau	Schlanker Bau
Haarfarbe "wildfarben" (mehr grau)	Haarfarbe "hasenwildfarben" (mehr rote Töne)
Haare mit blauem "Fuß"	Haare mit weißem "Fuß"
Ohrspitze schwarz gerändert	Ohrspitze mit großem schwarzen Fleck
keine Haarwirbel	zahlreiche Haarwirbel
Grannenhaare 2-3 cm lang, Flaumhaar nur wenig überragend	Grannenhaare 6-7 cm lang, Flaumhaare beträchtlich überragend
Weißes Fleisch	Rotes Fleisch
Zwischenscheitelbein deutlich von Scheitelbeinen getrennt	Zwischenscheitelbein mit Scheitelbeinen verschmolzen
Oberarm länger als Speiche	Oberarm kürzer als Speiche
Elle neben der Speiche gelegen	Elle hinter der Speiche gelegen
Iris dunkelbraun	Iris gelbbraun
44 Chromosomen	48 Chromosomen

31.3 Geschichte des Wildkaninchen

Lagomorpha (Hasenartige), zu denen das Wildkaninchen zählt, können ca. 65,5 Millionen Jahre bis ins Paleozän (alte Bezeichnung: Tertiär) zurückverfolgt werden. Das Tertiär begann vor 65 Millionen Jahren (Ende der Kreidezeit) und dauerte bis zum Beginn der Klimaveränderung vor rund 2,6 Millionen Jahren, in deren Folge das Eiszeitalter im Quartär einen Wechsel von Kalt- und Warmzeiten brachte. Das Klima auf der Erde war im Tertiär wesentlich wärmer als heute. Nach dem Massenaussterben der großen Saurier und vieler anderer Tierarten am Ende der Kreidezeit entwickelte sich hauptsächlich im Tertiär die Tier- und Pflanzenwelt, wie wir sie heute kennen. Die modernen Formen der Vögel, Reptilien, Amphibien, Fische und der Wirbellosen waren teils zu Beginn des Tertiärs schon herausgebildet oder entwickelten sich in seinem Verlauf. Der Begriff Tertiär wird innerhalb der offiziellen Geologischen Zeitskala nicht mehr gebraucht. Die Kontinentalverschiebung verlangsamte sich im Tertiär deutlich. Der Superkontinent Gondwana brach auseinander. Der indische Subkontinent stieß mit der eurasischen Platte zusammen. Die Antarktika wanderte zu ihrer heutigen Position. Gegen Ende des Tertiärs verbanden sich Südamerika und Nordamerika zur heutigen Form. Die tropischen, gemäßigten Bedingungen wandelten sich zum arktischen Klima mit umfangreicher Vergletscherung.

Die ältesten Leporiden stammen aus dem Eozän (ca. 40 Mio. Jahre) Asiens. In einigen, etwas jüngeren Schichten wurden Hasenartige auch in Nordamerika gefunden. [*Boback 2004*], [*Nachtsheim 1977*]

Die Gattung Oryctolagus ist seit dem späten Pliozän oder frühesten Pleistozän (1,8 Mio. - 11.800 Jahre) durch Knochenfunde belegt. Das Klima war während der Übergangsphase zu den Vereisungen weitgehend feucht, so dass immer mehr laubwerfende Bäume die zuvor immergrünen Wälder ersetzten. Die erdgeschichtliche Serie von vor etwa 1,8 Millionen Jahren bis vor 11.500 Jahren war gekennzeichnet durch Wechsel von Kalt- und Warmzeiten. Nach neueren Forschungsergebnissen fand insgesamt ein 23maliger Wechsel zwischen Warm- und Kaltzeiten statt. Sie wird vom Holozän abgelöst, der erdgeschichtlichen Serie, in der wir heute leben. Typische Tiere der Eiszeit waren z. B. Mammut, Mastodon, Säbelzahntiger, die mit dem Ende der Eiszeit ausstarben. Während des Pleistozäns vollzog sich die Evolution des Homo sapiens. Dem Pleistozän entspricht die Kulturepoche der Altsteinzeit (Paläolithikum). Man vermutet, dass sich Busch- und Waldformationen, die sich während der warmen Interglaziale entwickeln konnten, mit einer krautreichen Steppenvegetation während der glazialen Vereisungen abwechselten, wobei die genaue Zusammensetzung unbekannt ist. Im mittleren Pleistozän verschwanden die meisten exotischen Lebewesen und Arten mit einem nördlichen Ursprung wanderten ein.

In den Kaltzeiten betrug auf dem Gebiet Mitteleuropas die durchschnittliche Januartemperatur zwischen minus 14 und minus 22 Grad Celsius; im Juni waren es etwa plus fünf bis plus zehn Grad. In den warmen Phasen der Eiszeit entsprachen Klima- und Vegetationsverhältnisse in etwa den heutigen.

Bild 133: Geographische Zeitskala

Ärathem	System	Serie	≈ Alter [Jahre]
Känozoikum	Quartär	Holozän	Heute 11.784
		Pleistozän	11.784 1.800.000
	Neogen	Pliozän	1.800.000 5.300.000
		Miozän	5.300.000 23.000.000
	Paläogen	Oligozän	23.000.000 33.900.000
		Eozän	33.900.000 55.800.000
		Paläozän	55.800.000 65.500.000

Vor etwa 40.000 Jahren entwickelten sich im Mittelmeerraum sehr offene Busch- oder Waldformationen. Im Würmglazial vor etwa 16.000 - 11.000 Jahren gab es vermutlich Steppen, in denen u. a. Chenopodiaceen (Gänsefußartige Kräuter, Stauden oder Sträucher) und Artemisia-Arten (Beifuß, Kräuter) überwogen haben.

Perioden starken Abschmelzens der Gletscher von 950 n. Chr. bis ungefähr 1.200 bestätigen die Erwärmung der Erde während der Zeit, als die Wikinger Grönland besiedelten und ihre Kultur dort gedieh, bis die Kälte der Kleinen Eiszeit von ungefähr 1.200 bis ungefähr Mitte des 19. Jahrhunderts sie zum Rückzug zwang.

Die letzte Eiszeit, welche vor etwa 115.000 Jahren begann und ihren Höhepunkt vor ca. 18.000 Jahren erreichte, drängte das Wildkaninchen bis auf die Iberische Halbinsel und westliche Teile Nordafrikas zurück. Hier bildeten sich zwei geographisch voneinander getrennte Linien des Oryctolagus Cuniculus – von einer dieser Linien stammen vermutlich alle heutigen Wildkaninchen ab. [*Kaetzke et al. 2003*]

Nach der Eiszeit besiedelte das Wildkaninchen zunächst wieder Südfrankreich. Knochenfunde in Ausgrabungen von Siedlungen in der Provence zeigen, dass sich die Bewohner 8.000 - 7.000 Jahre vor Beginn der Zeitrechnung in größeren Mengen von Kaninchenfleisch ernährten. 6.000 Jahre später waren es die seefahrende Phönizier, die in Spanien auf die Kaninchen trafen. Die Gestalt und Lebensweise der Kaninchen erinnerten sie an die Klippschliefer aus ihrer Heimat. Sie übertrugen die Bezeichnung für die Klippschliefer auf die Kaninchen und nannten das neu entdeckte Land "I-saphan-In" (Insel der Klippschliefer). Die Römer übersetzten diesen Namen dann in "Hispania". Mit der Bibelübersetzung aus dem Hebräischen ins Deutsche unterlief Luther ein Fehler, indem er die Bezeichnung für Klippschliefer „saphan“ mit „Kaninchen“ übersetzte. Zoologisch gesehen war sein Irrtum jedoch korrekt.

Zum ersten Mal in der Literatur wird das Kaninchen auf Cyrnus (Korsika) vom griechischen Historiker Polybios in der Mitte des 2. Jahrhunderts v. u. Z. erwähnt, der aus "Timotaios", einem um 360 v. Chr. verfassten Spätwerk des griechischen Philosophen Platon zitiert:" Auf dieser Insel gibt es keine wilden Ziegen oder wilden Rinder, keinen Hasen, Wolf oder Hirsch oder andere Tiere, ausgenommen einige Füchse, Kaninchen und wilde Schafe. Das Kaninchen sieht in der Tat aus etwas Abstand wie ein kleiner Hase aus; aber, wenn es in die Hand genommen wird, merkt man, dass es im Aussehen und im Geschmack seines Fleisches große Unterschiede gibt; und es lebt auch im Allgemeinen unterirdisch." [*Shuckburgh 1889*] Er nennt das Kaninchen auf Griechisch "kuniklos"

Der römische Gelehrte Varro nennt im 1. Jahrhundert v. Chr. in seinem Werk "De Re Rustica" Spanien als die Heimat der Kaninchen und empfiehlt die Haltung in einem "Leporarium" (lateinisch für Tiergarten) - ummauerten Hasengehegen. So sollen "Wiesel und Dachs und andere Tiere am Eindringen gehindert werden, sie sollten gepflastert und so hoch umzäunt sein, dass kein Wolf sie überspringen kann. Sie sollen Verstecke enthalten, in denen sich die Hasen tagsüber im Dickicht oder Gras verstecken können und Bäume, die den Sturzflug des Adlers verhindern." Er berichtet auch über die Fruchtbarkeit der Tiere und dass die Weibchen häufig bereits wieder trächtig sind, während sie noch einen Wurf betreuen. Des Weiteren beschreibt er die Form des Mästens: "es ist eine geläufige Praxis, Tiere, die gemästet werden sollen, aus dem Hasengehege zu entnehmen und in einem separaten Stall zu halten." Die Methode der Stallhaltung zum Zwecke des Mästens von Kaninchen für die Ernährung der Menschen ist also nicht erst im Mittelalter eingeführt worden, wie oft beschrieben, sondern war bereits vor Beginn unserer Zeitrechnung üblich. Weiterhin beschreibt Varro drei Spezies von Hasen: "die dritte Spezies, die in Spanien geboren ist, hat kürzere Beine als

unsere Hasen und wird 'Cuniculum' genannt." Er war der Meinung, dass der Name ein altes griechisches Wort ist, welches aus der Eigenart der Tiere abgeleitet wird: nämlich Tunnel - cuniculos - zu graben, in denen sie sich verstecken. [*Varro 1934*]
Strabo wiederum hinterließ uns mit seinem Werk "Geographica" auch eine Beschreibung der Schäden, die Kaninchen in damaliger Zeit in Spanien anrichteten, indem sie die Samen, Triebe und Wurzeln der Pflanzen fraßen. Die Plage betraf ganz Spanien bis nach "Massila" (Marsaille/ deutsch veraltet Massilien) und die umliegenden Inseln. Die Bewohner von "Gymnasiae", den Balearen, sandten eine Botschaft nach Rom, in der sie um Hilfe bei der Bewältigung der Plage oder einen neuen Ort zum Leben nachsuchten, da sie der enormen Zahl der Tiere nicht Herr wurden. Er beschreibt auch die Methode der Jagd auf Kaninchen mit Frettchen, der domestizierten Form des Waldiltis. Sie wurden mit einem Maulkorb versehen in die Kaninchenbaue geschickt. An den Ausgängen empfing man dann die heraus gescheuchten Kaninchen mit Netzen. Die Plage auf den Balearen wurde wohl durch ein einziges Kaninchenpaar ausgelöst, welches auf die Inseln gebracht wurde.[*Jones 1917*]

C. Plinius Secundus, der beim Ätnaausbruch 79 n. Chr., der Pompeji verwüstete, ums Leben kam, berichtet in seinem "8. Buch der Geschichte der Natur" ebenfalls von einer Plage der Kaninchen in Spanien und das ihre Ansiedelung in Italien nicht gelang. Weiterhin beschreibt er den Brauch der Spanier, ungeborene Föten oder neugeborene Jungtiere, so wie sie sind (also ohne sie auszuweiden), zu verspeisen, die so genannten „laurices". [*Holland 1601*]

Die Kaninchen lösten im Altertum als Haustier die Hasen ab, deren Bestände in der Haltung immer wieder durch Wildfänge aufgefüllt werden mussten, weil sie sich in Gefangenschaft nicht vermehren. Kaninchen galten als beliebtes Jagdobjekt und Dank der bequemen Haltung und der enormen Vermehrungsrate dienten sie als Frischfleischvorrat. Von den Spaniern übernahmen die Römer den Brauch des Verzehrs von Föten und Neugeborenen der Kaninchen. Da diese "Delikatesse" als Fastenspeise erlaubt war, wurde die Kaninchenhaltung später durch Klöster "intensiviert".

Weitere Berichte zum Übergang von der Gehege- zur Käfig- bzw. Stallhaltung stammen aus der Zeit um 550. In Deutschland wurden die ersten urkundlich belegten Kaninchen 1149 eingeführt: der Abt von Corvey an der Weser, Wibald, erbittet zwei Paare von seinem Amtsbruder Gerald, Abt des Klosters Solignac (Süd-Frankreich) in Frankreich [*Nachtsheim 1977*].

Im Mittelalter wurden Kaninchen in "Lapinieren", die sich aus den römischen Vorbildern entwickelten, gehalten. Weitere Haltungsformen bestanden in der Ausnutzung natürlicher Gegebenheiten, wie zum Beispiel Inseln. 1235 wurden die ersten Kaninchen in Großbritannien ausgesetzt, wo sie bisher nicht vorkamen, einige Jahre später kam es bereits zu ersten Klagen über Schäden, die von ihnen angerichtet wurden.

Auf deutschem Boden wurden Kaninchen wohl erstmals auf der Insel Anrum ausgesetzt, die damals noch dänischer Besitz war und wo es seit 1231 Kaninchen gibt. [*Nachtsheim 1977*] Bekannt ist auch die Insel "Kaninchenwerder" im "Schweriner See" als Teil der Mecklenburger Seenplatte, die erstmals als "Kaninekenwerder" 1407 erwähnt wird. Der Name ist wohl auf das Aussetzen von Kaninchen zurückzuführen, "Werder" ist ein aus dem Althochdeutschen stammender Begriff für Insel oder Erhebung. Ein wiederholter Versuch der Ansiedelung von Kaninchen auf dieser Insel vor einigen Jahrhunderten verlief jedoch erfolglos. In Hessen wurde es wahrscheinlich im 16. Jhr., auf Helgoland 1597 und Anfang des 17. Jhr. in Warnemünde eingeführt, wo es kurze Zeit später ebenfalls zur Plage wurde. Weitere Ansiedelungen in Deutschland erfolgten im Laufe des 19. Jahrhunderts.

31.4 Verbreitung

Nach fossilen Funden ist das Wildkaninchen im Jungtertiär von Asien nach Europa eingewandert. Es wurde aber dann durch das vorrückende Eis aus den nördlichen Teilen verdrängt. [*Boback 2004*], [*Kaetzke et al. 2003*]
War ihr Vorkommen nach der letzten Eiszeit noch auf Regionen der Pyrenäenhalbinsel, Algerien und Marokko beschränkt, sind sie mittlerweile weltweit verbreitet: man findet sie im südlichen Südafrika, in Australien, Neuseeland, Java und anderen mehr als 500 ozeanischen Inseln. In Europa beschränkt sich ihr Vorkommen bis in Höhen von 400 m, selten bis 600 m. In Europa fehlen sie lediglich in mittleren und nördlichen Gebieten Skandinaviens und in Finnland sowie auf Island.

Von Seefahrern wurden Kaninchen in viele Teile der Welt eingeführt, so zum Beispiel auch auf den Kerguelen. Durch die schnelle Vermehrung und das Fehlen natürlicher Feinde in ihrem neuen Verbreitungsgebiet fraßen sie dort fast die gesamte Vegetation auf, so dass der so genannte Kerguelenkohl, der die Seefahrer bisher auf den Reisen vor Skorbut schützte, nicht mehr zur Verfügung stand. Heute ernähren sich diese Tiere von Tang, der angeschwemmt wird.

31.5 Lebensweise

In Mitteleuropa leben Wildkaninchen bevorzugt in Gegenden mit lockeren, leichten Böden, die ihnen das Graben von Bauten erleichtert. Dazu gehören die halboffene Feldflur mit Büschen und Bäumen, Dünen, Eisenbahndämme, Parkanlagen und auch Friedhöfe. Auf Grund ihrer Anpassungsfähigkeit leben sie zum Teil in Gegenden, die ihnen nicht das Graben von Bauen ermöglichen, auch oberirdisch. [*Angermann 1968*]

Im Gegensatz zu Hasen graben Kaninchen Röhren in das Erdreich, die eine Länge von bis zu 40 m erreichen können. Die Weibchen bringen ihre Jungen in so genannten Satzröhren zur Welt, die abseits des Hauptbaus liegen. Der Aktionsradius der Gruppenmitglieder um den Bau beträgt ca. 200 m, dieser kann zur Nahrungssuche auf bis zu 600 m erweitert werden.

Wie die meisten Säugetiere können Kaninchen schwimmen. Gemäß verschiedenen Quellen sind nur Giraffen und Menschenaffen Nichtschwimmer. In England wurden Kaninchen in einem Sumpfgelände beobachtet, die ohne Zwang größere Strecken schwimmend zurücklegten. [*Angermann 1968*]
Im Bergland über 600 m Höhe sind Wildkaninchen nicht anzutreffen, bedingt durch die Vegetation und steinigen Böden sowie längerer und schneereicherer Winter.

Innerhalb der Gruppe gibt es eine strenge Rangordnung. Soziales Zentrum der Kolonie ist ein größerer Erdbau mit mehreren Röhren. Die Jungen werden meist in separaten, blind endenden Einzelröhren (Satzröhren) zur Welt gebracht.

Das Wildkaninchen hat, je nach Alter und Lebensraum, die verschiedensten Feinde. Hauptsächlich sind dies - neben dem Menschen - Fuchs, Bussard und Uhu, aber ebenso wildernde Hunde. Für Jungtiere stellen auch Katzen ein Problem dar.

Die Ernährung der in Mitteleuropa heimischen Wildkaninchen wird durch die Vegetationsperiode bzw. -ruhe beeinflusst. In der Vegetationsperiode, also von Frühjahr bis Herbst, ernähren sie sich hauptsächlich von Gras und Kräutern. Sie gehören zu den Pflanzenfressern (Herbivoren), und unter diesen zu den Blattfressern (Folivore) [*Schlolaut 2003*]. Bevorzugt werden die blättrigen, leicht verdaulichen Bestandteile von Pflanzen wie verschiedene Gräser, Löwenzahn, Spitz- und Breitwegerich,

Klee, Luzerne, Wicke, Ackerwinde, Schafgarbe und vieles mehr. Sie fressen sehr selektiv mit einer Vorliebe für süßes und einer hohen Toleranz für bitteres. Außerdem sind Kaninchen in der Lage, sauer und salzig zu unterscheiden.

Die Vegetationsruhe entspricht bei einigen Tierarten der Zeit des Winterschlafes. In dieser Zeit ernähren sich Kaninchen von Pflanzenresten, die selbst noch unter Schnee zu finden sind, Zweigen und Ästen verschiedener Sträucher, abgestorbenen Pflanzenteilen, Wurzeln und Knollen. Es wird angenommen, das Wildkaninchen auch tierische Nahrung zu sich nehmen [*Boback 2004*]. Versuche haben gezeigt, dass sie auch Fleisch aufnehmen, wenn ihnen ihre natürliche Nahrung im ausreichenden Maße zur Verfügung steht. Ist die Population sehr groß, können sie "Schäden" anrichten: vor allem Setzlinge werden gern gefressen, auch Kultur- und Zierpflanzen. Dass sie auch Getreide fressen, wird oft bestritten oder als Ausnahme dargestellt. Es wäre jedoch töricht zu glauben, dass nur wegen der menschlichen Abneigung gegen getreidehaltige Nahrung für Kaninchen diese in freier Wildbahn nicht gefressen wird. Reifes Getreide als willkommener Energielieferant steht einen begrenzten Zeitraum zur Verfügung und wird in dieser Zeit natürlich auch gefressen. An Körner oder Samen kommen Kaninchen recht einfach, indem die Pflanzenstängel einfach durchgebissen oder um getreten werden.

Beobachtungen von *[Turček 1959]* zeigen eine besondere Vorliebe für verschiedenste Pflanzen. Unter den Gehölzen sind dies Rosskastanie, Spindelstrauch, Liguster, Waldkiefer, Schlehdorn, Zerreiche, Bergulme, Bergahorn, Esche, Rote Heckenkirsche, Espe (Pappel), Stieleiche (Deutsche Eiche), Hunds-Rose (Heckenrose), Kratzbeere, Feldulme. Unter den Wiesen- und Kulturpflanzen führt er folgende als besonders bevorzugt bzw. regelmäßig gefressen an: Luzerne, Rispenhirse, Gartenbohne, Roggen, Schafgarbe, Odermennig, Krause Distel, Gewöhnliche Wegwarte, Gewöhnliche Kratzdistel, Acker-Kratzdistel, Gewöhnlicher Feldrittersporn, Weißer Gänsefuß, Sichelklee, Kermesbeeren, Bibernelle, Windenknöterich, Gabel-Leimkraut, Schwarzer Nachtschatten, Große Brennnessel, Klee, Weizen, Mais, Beifuß, Echter Waldmeister, Wiesen-Flockenblume, Acker-Hornkraut, Zypressen-Wolfsmilch, Knöterich, Wiesen-Margerite, Rainkohl, Vogelmiere. Unter den Pflanzen sind einige, die allgemein als giftig gelten. Im beobachteten Kaninchenrevier waren Wiesengräser wenig vertreten, so dass die Tiere auf Kulturgräser auswichen. 46% der gefressenen Pflanzen sind Heil- und Giftpflanzen bzw. bzw. ölhaltige und bittere Pflanzen, was durch eine ähnliche Studie bestätigt wird (Danilov, The principal food-plants of the game. Zool. Journal Moskau, 37, 1205-1213, 1958). Bohnen und Luzerne wurden besonders von Jungtieren schwer heimgesucht, vermutlich wegen des hohen Eiweißanteils – ebenso schwer geschädigt wurden die Wintersaaten.

In der Regel werden Wildkaninchen nicht sehr alt - im Durchschnitt etwa 2 - 3 Jahre. Es werden jedoch durchaus Wildtiere mit einem Alter von bis zu 10 Jahren gefunden. Besonders unter Jungtieren ist eine hohe Sterblichkeit zu verzeichnen. Hauptursache ist die Kokzidiose. Besonders in Jahren mit kalter und nasser Witterung sind die Verluste sehr groß. Zwei seuchenhafte Krankheiten haben jedoch in den letzten fünfzig Jahren die Bestände deutlich zurückgehen lassen - die Myxomatose und RHD (Rabbit hemorrhagic disease), auch Chinaseuche genannt.

Die Myxomatose wurde 1896 beim amerikanischen Baumwollschwanzkaninchen entdeckt, bei dem die Krankheit jedoch keinen bösartigen Verlauf zeigt. 1930 wurde die Seuche in Kalifornien auch beim Europäischen Wildkaninchen festgestellt. In Frankreich setzte der Arzt Dr. Paul Armand-Delille auf seinem Gut Maillebois zwei infizierte Tiere in seinem Park aus, um die Wildkaninchen auszurotten, die dort beträchtlichen Schaden anrichteten. Die den Park umgebende Mauer war kein wirkliches Hindernis für die Kaninchen und somit der Seuche, die sich ab Herbst 1952 mit

großer Schnelligkeit in Europa verbreitete. In Deutschland wurde sie bereits 1953 registriert. [*Boback 2004*] In Australien wurde 1942 erstmals versucht, der Kaninchenplage durch die gezielte Infektion der Tiere mit Myxomatose Herr zu werden. Da dieser Versuch scheiterte, wurde er 1952 wiederholt. Diesmal wurde der gesamte Bestand zu 99% dezimiert, einige Tiere entwickelten jedoch Resistenzen und in den 80er Jahren betrug die Zahl der Wildkaninchen wieder über 400 Millionen.
Die RHD wurde erstmals 1984 in China beobachtet - daher auch der Name Chinaseuche. Die Verbreitung erfolgte auf natürlichem Weg und verursacht wie die Myxomatose hohe Verluste - auch in Haustierbeständen, da beide Krankheiten unter anderem auch durch stechende Insekten übertragen werden.

Wie sehr in der Tierwelt Arten voneinander abhängig sind, zeigt das Beispiel des Pardelluchs (Lynx pardinus), der nur in Spanien und Portugal beheimatet ist. Seine Hauptnahrung bilden Wildkaninchen. Heute ist er eines der am meisten vom Aussterben bedrohten Raubtiere der Welt, da auf Grund der Epidemien die Kaninchenbestände drastisch gesunken sind.

32 Glossar

ad libitum	lateinisch nach Gutdünken, nach Belieben; in der Fütterung ist damit die freie Aufnahme einer beliebigen Menge Futter gemeint
Adermin	Vitamin B6, Bakterienwuchsstoff
Adipositas, Adiposität, adipös	Fettleibigkeit, Fettsucht; starkes Übergewicht durch eine über das normale Maß hinausgehende Vermehrung des Körperfettes mit krankhaften Auswirkungen - als ursächlich gilt mangelnde Bewegung
adult	Erwachsen, Synonym für die Lebensphase nach der Geschlechtsreife
aerob	Bezeichnung für Lebensprozesse oder -formen, die Sauerstoff zum Überleben benötigen
Aflatoxine	natürlich vorkommende Mykotoxine
akut	Bezeichnung für schnell ausbrechende Krankheiten von relativ kurzer Dauer
Alfalfa	ursprünglich arabische Bezeichnung für Luzerne, die auch in Amerika verwendet wird
Aminosäuren	organische Verbindungen mit mindestens je einer Amino- (-NH2) und einer Carboxylgruppe (-COOH), Bausteine von Eiweißen (Proteinen). Essentielle Aminosäuren können nicht vom Körper gebildet werden und müssen daher über die Nahrung zugeführt werden.
Amygdalin	Kristalliner Stoff, der in Gegenwart von Wasser Blausäure abspaltet. Samen von Steinfrüchten enthalten Amygdalin in höheren Konzentrationen.
Amylase	Enzyme, die sowohl im Pflanzen- als auch im Tierreich vorkommen. Sie spalten Polysaccharide wie z. B. Stärke und bauen sie ab. Amylase wird in der Bauchspeicheldrüse (Pankreas-Amylase) sowie den Speicheldrüsen der Mundhöhle (Speichel-Amylase, α-Amylase, Ptyalin) gebildet.
Analgesie	medizinisch für Ausschalten von Schmerzen durch z.B. Medizin (Analgetika)
Anatomie	Lehre vom Bau des Körpers und seiner Organe
anaerob	Bezeichnung für Lebensprozesse oder -formen, die keinen Sauerstoff zum Überleben benötigen, sondern durch ihn sogar abgetötet werden
Antioxidationsmittel	Zusatzstoffe, die Qualitätsverluste des Futtermittels durch Sauerstoff verhindern
antiviral	gegen Viren gerichtet
Anorexie	mangelhafter oder fehlender Appetit, Appetitlosigkeit. Bei vollständiger Anorexie isst der Patient nichts mehr, bei teilweiser so wenig, dass es für die Erhaltung nicht reicht

Arterien	alle Blutgefäße, in denen das Blut vom Herzen wegfließt (sauerstoffreich)
Asche	Aschegehalt im Futtermittel: unverbrennbarer, anorganischer Rückstand, Mineralstoffgehalt des Futters
asphärisch	nicht kugelförmig (sphärisch = kugelförmig)
Astigmatismus	Brechungsfehler des Auges, bei der die in das Auge gelangenden Strahlen nicht in einem Punkt, sondern in einer Punktreihe (Strich) gesammelt werden (Stabsichtigkeit)
asymptomatisch	ohne Symptome
Bakterien	einzellige Mikroorganismen, viele Arten sind auch Krankheitserreger. Kugelförmigen Bakterien werden Kokken genannt, stäbchenförmige Bazillen und Spiren haben eine Schraubenform. Gefährliche -> anaerobe Bakterien sind z.B. Clostridien, sporenbildende Bakterien, die gefährliche Gifte (Toxine) und zersetzende, aggressive Enzyme bilden.
bakteriell	durch Bakterien hervorgerufen
Ballaststoffe	Stoffe, die nicht durch die körpereigene Enzyme von Säugetieren abgebaut werden können und unverdaut ausgeschieden werden. Hierzu gehören: Cellulose, Hemicellulose, gelbildende Stoffe, Pektin und andere Kohlenhydrate. Manche dieser Stoffe werden im Darm des Kaninchens durch Bakterien abgebaut bzw. erschlossen.
Blinddarmkot	besondere Art des Kotes mancher Tierarten. Um die bessere Ausnutzung der Nahrung zu gewährleisten, passieren schwerverdauliche Nahrungsbestandteile durch Schlucken des Kotes ein weiteres Mal den Verdauungstrakt.
Caecotrophie	Aufnahme des -> Blinddarmkot durch einige Arten von Pflanzenfressern, wodurch eine bessere Ausnutzung der schwer verdaulichen Pflanzennahrung erreicht wird
Caninus	Eckzahn
Choanenöffnung	(lat. Choana) paarige, hintere Öffnung der Nasenhöhle. Die beiden Choanenöffnungen sind bei Säugetieren durch das Pflugscharbein voneinander getrennt.
Chromosomen	Träger von Erbanlagen (Genen), bei Menschen und einer Vielzahl von Tieren wird das Geschlecht von den Chromosomen bestimmt. Die "Komplexität" eines Organismus hängt nicht von der Anzahl der Chromosomen ab.
chronisch	Bezeichnung wird für sich langsam entwickelnde oder lang andauernde Erkrankungen benutzt
circadiane Rhythmen	Die Natur und alle Lebewesen unterliegen einem natürlichen, chronologischen Biorhythmus, der von Tag und Nacht, also von hell und dunkel geprägt wird.

Clostridien	grampositive, anaerobe und Sporen bildende Bakterien, bilden Toxine, die gefährlich sind und auch eitrige Infektionen hervorrufen können. Clostridien gehören zu einer normalen Darmflora.
Deklaration	lat. declaratio: Kundmachung, Offenbarung; u.a. die Inhaltsangabe eines Handelgutes; erfolgt durch die Etikettierung mittels "Sackanhänger"; "Sackaufkleber"
Dens	lat. für Zahn
Dermatophyten	Fadenpilze, die eine spezifische Pilzinfektion der Haut, die Dermatophytose, auslösen
Diabetes mellitus	klinische Symptome einer Veränderung im zellulären Transport und Stoffwechsel der Glukose
Diarrhoe	unnormale Zunahme der Häufigkeit, Dünnflüssigkeit und des Volumens des Stuhlganges
Diastema	griech. für „Zwischenraum", Margo interalveolaris (lat. „Zwischenzahnrand"): bezeichnet die zahnfreie Lücke zwischen den Eck- und vorderen Backenzähnen
Diathese	verstärkte Neigung, erhöhte Anfälligkeit
Dioptrie	griech., Maßeinheit der Brechzahl von Linsen, 1 Dioptrie = 1/m
diphyodont	Gebiss, bei welchem das Milchgebiss durch ein bleibendes Gebiss ersetzt wird (Gegenteil: monophyodont = ein lebenslanges Gebiss)
DNS	Desoxy-ribonuclein-säure = engl. Desoxy-ribonuclein-acid (DNA), Die Träger der vererbbaren Eigenschaften sind lange Kettenmoleküle in den Chromosomen. Die Kettenmoleküle sind aus 6 Grundstoffen aufgebaut. Diese Grundstoffe hängen aneinander wie eine gewundene Leiter (Spirale). Die DNS-Spirale wird auch "Doppel-Helix" genannt.
Domestikation, Domestizierung	Veränderung einer Art von Wildtieren oder -pflanzen, die durch den Menschen für sehr lange Zeit von der Wildform genetisch isoliert gehalten wird. Für die Domestizierung wählt der Mensch bewusst die Individuen einer Art mit Eigenschaften oder Merkmalen aus, die für ihn am meisten geeignet sind, um sie als Nutz- oder Haustier zu halten (domus = lat. für Haus). Durch Zucht wird versucht, diese Eigenschaften zu festigen oder zu verstärken.
Duplicidentata	lateinisch für "Doppelzähner": duplicis „doppelt" und dens „Zahn"
Dysenterie	bakterielle Enteritis; entzündliche Erkrankung des Dickdarms bei einer bakteriellen Infektion; im weiteren Sinne Durchfallerkrankungen auf dem Boden von Infektionen mit Parasiten oder Viren verstanden.

Eisprung	Follikelsprung, lat. Ovulation; kurze Phase im weiblichen Zyklus, in der die herangereifte unbefruchtete Eizelle aus dem reifen Ovarialfollikel gestoßen wird, danach kann die Eizelle befruchtet werden.
Enterotoxämie	Sehr schnell (perakut) verlaufende Vergiftung, die durch Toxine von Bakterien wie Clostridien verursacht wird, die in die Blutbahn gelangen
Enzyme	Proteine, die Katalysatoren für chemische Reaktionen sind. beschleunigen und steuern vor allem auch im Stoffwechsel wichtige biochemische Reaktionen
essentiell	lebensnotwendig
et al.	lateinisch für „und andere“. Die Abkürzung wird vor allem bei bibliografischen Angaben verwendet, wenn ein Werk von mehreren Autoren verfasst und nicht alle genannt werden. Es wird dann nur der Hauptautor aufgeführt und weitere Koautoren unter "et al." zusammengefasst.
Eutheria	auch Placentalia: Tiere, die eine Plazenta bilden; Die Eutheria haben sich im Tertiär (70 Mio.Jahre) explosionsartig zur führenden Gruppe der Säuger entwickelt. Säuger zeigen als gemeinsames Merkmal bei der Brutpflege das Säugen der Jungen mit Milchdrüsensekret und eine innige Verbindung zwischen Keimblasenwand und Uterus, die Placenta. Diese fehlt den primitiven Säugern (Kloakentiere).
FAQ	Frequently Asked Questions (häufig gestellte Fragen), z.B. im Internet eine Zusammenstellung oft gestellter Fragen zu einem bestimmten Thema
Faece	Kot, Kotpille, Dung, Köttel, Böppel = kugelförmiger Hartkot, der sich deutlich vom ->Blinddarmkot unterscheidet
Fermentation	Umsetzung biologischer Stoffe mit Hilfe von Bakterien oder Enzymen (Fermenten) unter Ausschluss von Luft
Fett	Stoffgemisch aus verschiedenen Fettsäuretriglyceriden, die aus Tieren oder Pflanzen gewonnen werden. Hauptbestandteile der Fette sind Triacylglyceride (Ester des dreiwertigen Alkohols Glycerol) mit -> Fettsäuren. Man unterscheidet zwischen a) Fett: bei Raumtemperatur fest und b) fettem -> Öl: bei Raumtemperatur flüssig sowie tierischen und pflanzlichen Fetten. Fette sind Energielieferanten, Isolatoren gegen Kälte, dienen als Träger von Geschmacks- und Aromastoffen, essentiellen Fettsäuren, fettlöslichen Vitaminen und sind Bestandteil der Zellmembranen.
Fettsäuren	Alkancarbonsäuren einschließlich ihre ungesättigten Vertreter. **gesättigte Fettsäuren:** optisch inaktive, schwache Säuren, die mit Metallhydroxiden Salze bilden, bei Raumtemperatur relativ stabil gegenüber dem Einfluss von Sauerstoff und nicht lebensnotwendig sind **ungesättigte Fettsäuren:** enthalten im Kohlenstoffgerüst mindestens eine Doppelbindung, weshalb sie leichter mit Sauerstoff reagieren und somit eher zum Verderben neigen. Einige ungesättigte Fettsäuren sind essentiell.

essentielle Fettsäuren: mehrfach ungesättigte Fettsäuren, die vom Körper nicht synthetisiert werden können und über die Nahrung zugeführt werden müssen (Linolsäure, Arachidonsäure und α-Linolensäure). Ein Mangel an essentiellen Fettsäuren führt beim Menschen zu Hautveränderungen und Fertilitätsstörungen (Fruchtbarkeitsstörung) und begünstigt die Entstehung der Arteriosklerose (Arterienverkalkung).

Flanke
seitliche Bauchregion im Bereich der Nabelgegend zwischen Rippenbogen und Leisten

Flankenatmung
Normale und ruhige Form der Atmung, die aus einer Mischung von Bauch- und Brustatmung besteht

Folivore
Blattfresser

Frettchen
Mustela putorius Juro; im Altertum domestizierte Waldiltisse (Mustela putorius)

Gattung
Die Gattung ist eine hierarchische Stufe der biologischen Systematik und enthält eine oder mehrere Arten. Zum Beispiel ist das Wildkaninchen (Oryctolagus cuniculus) die einzige Art in der Gattung Oryctolagus innerhalb der Familie der Hasen (Leporidae).

Glucane
durch -> Glucose gebildete Polymere

Glucose
ein Monosaccharid (Synonym: Dextrose), umgangssprachlich Traubenzucker genannt.

Gonaden
Keim- oder Geschlechtsdrüsen - beim männlichen Tier die Hoden, beim weiblichen die Eierstöcke, werden bei einer Kastration entfernt

Grampositive/gramnegative Bakterien
Bakterien, die durch ein spezielles Färbeverfahren kenntlich gemacht werden, das nach dem Entwickler Hans Christian Gram benannt ist. Dadurch können Bakterien gleichen Aussehens unterschieden werden. Grampositive Bakterien erscheinen nach dem Färbegang dunkelblau. Zu ihnen zählen aller Stämme der Actinobacteria sowie Firmicutes mit z.B. Lactobazillen, Streptokokken, Enterokokken, Staphylokokken, Listeria und die Clostridien. Grampositive und gramnegative Bakterien reagieren auf Antibiotika unterschiedlich.

Granulozyten
bestimmte weiße Blutkörperchen, deren Funktion vor allem in der unspezifischen Abwehr (angeborenen Immunantwort) von Krankheitserregern wie Bakterien, Parasiten und Pilzen liegt. Einige sind in der Lage, Krankheitserreger in sich aufzunehmen und zu zerstören.

Gymnesiae
griechische Bezeichnung der Balearen in der Antike (lateinisch Balearis), mit den Inseln Mallorca (Balearis major) und Menorca (Balearis minor). Die Einwohner wurden Balearici genannt.

Heimtier
Tiere von Arten, die von Menschen gefüttert und gehalten, aber nicht verzehrt werden

Hemicellulose	Bestandteil der Zellwände von Pflanzen, die zu den Ballaststoffen zählen, (für den Menschen unverdaulich, für das Kaninchen bedingt verdaulich), Kleie z.B. enthält ca. 40% Hemicellulose
Herbivoren	Pflanzenfresser
IE	Internationale Einheit (IU = International unit) und wird für eine reproduzierbare Menge anhand der Wirkung (und nicht der Stoffmenge) eingesetzt. 1 IE Vitamin A ≙ 0,3 µg Retinol ≙ 0,6 µg Beta-Carotin 1 IE Vitamin D3 ≙ 0,025 µg Vitamin D3 ≙ 65,0 mmol Vitamin D3 [*WHO 2008*]
inapparent	nicht in Erscheinung tretend
Insectivora	Insektenfresser
Incisivus	Schneidezahn
intraperitoneal (intraperitoneale Applikation)	vom Bauchfell überzogener Raum, Bauchhöhle (Gabe eines Medikaments in die Bauchhöhle)
Kalorie	cal, alte Maßeinheit der Energie bzw. der Wärmemenge; Neue SI-Einheit: Joule bzw. Kilojoule. Eine Kilokalorie (1000 cal) entspricht der Menge an Energie, die benötigt wird, 1 Kilogramm Wasser um 1 Kelvin zu erwärmen. Zum Beispiel würde der Brennwert eines Hamburgers (239 Kilokalorien) ausreichen, um 239 Liter Wasser um 1 Kelvin zu erhitzen.
Keim	erste Entwicklungsstadium sich neu bildenden Lebens, auch potentiell krankheitserregender Mikroorganismus
Kleie	Schalen der Getreidekörner, die beim Mahlen des Getreides anfallen. Sie bestehen aus Cellulose, Hemicellulose und Lignin. In der menschlichen Ernährung dient sie als Ballaststoff in verschiedenen Nahrungsmitteln, in der Tierfütterung wird besonders Haferkleie als gut verdauliches Futtermittel eingesetzt.
Klippschliefer	eine Art (Procavia capensis) in der Ordnung der Schliefer (Hyracoidea). Kaninchengroße, murmeltierähnliche Säugetiere, die am nächsten mit den Elefanten (Proboscidea) und Seekühen (Sirenia) verwandt sind. Die Vorderbeine haben vier Zehen, die in kleinen Hufen enden und an den Hinterbeinen drei Zehen, deren mittlere in einer langen, gebogenen Klaue endet, während die anderen beiden Hufe tragen. Verbreitungsgebiet: vom südafrikanischen Kap über Ost-, Zentral- und Westafrika bis in die Halbwüsten beidseits der Sahara sowie Westasien
Kohlenhydrate	allgemeine Bezeichnung für alle Arten von "Zucker". Einteilung in Einfachzucker (Monosaccharide), Zweifachzucker (Disaccharide) und komplexe Kohlenhydrate (Polysaccharide). 1 g Kohlenhydrate liefert die Energie von 4 kcal bzw. 17 kJ.

Konkremente	Krankhafte feste Gebilde, wie z.B. Blasensteine
Koprophagie	Fressen von Kot. Dies kann eine psychische Störung oder die artgerechte Nahrungs- oder Vitaminaufnahme, unter anderem bei Kaninchen oder verschiedenen ->Saprophyten sein
Koprostase	Verstopfung, Kotstauung durch z.B. zu trockene Nahrung. Dabei besteht die Gefahr der Autointoxikation (Selbstvergiftung) infolge der bakteriellen Durchdringung der Darmwand und Aufnahme von Zersetzungsstoffen des Darminhaltes in die Blutbahn.
Lagomorpha	Ordnung der Hasenartigen, besteht heute aus zwei Familien: Pfeifhasen (Ochotonidae) und Hasen (Leporidae), eine dritte Familie ist ausgestorben
Laktation	Zeit der Milchabgabe von Säugetieren, Milchausschüttung, Säugephase
Lapinieren	Im Mittelalter gebräuchliche Gehegeform für die Freihaltung von Kaninchen, die sich wahrscheinlich aus den ->Leporarien entwickelte
lateral	seitlich gelegen
Leporarien	ummauerte Gehege, in denen in der Frühzeit Kaninchen gehalten wurden
Leporidae	Familie der Hasen, Zu den rund 55 Arten gehören der Feldhase und das Wildkaninchen bzw. dessen verschiedene Zuchtformen der Hauskaninchen.
Leporinae	Unterfamilie der Leporidae, zu denen alle ->rezenten Leporiden gerechnet werden
Leukozyten	weiße Blutkörperchen, die zum Immunsystem gehören und spezielle Aufgaben in der Abwehr von Krankheitserregern und körperfremden Strukturen erfüllen. Sie sind Teil der spezifischen und unspezifischen Immunabwehr.
Luzernegrünmehl	Erzeugnis, das durch Trocknen und Mahlen von junger Luzerne gewonnenes wird
Makrophagen	Fresszellen (Phagozyten), die als Leukozyten Zellen des Immunsystems sind
Makrosmaten	Lebewesen mit gut entwickeltem Geruchssinn
Malokklusion	jede Abweichung von der -> Normokklusion
medial	zur Mitte hin gelegen
Melanin	Melanine sind rötliche, braune oder schwarze Pigmente (Farbmittel)
Metabolismus	Stoffwechsel; Aufnahme, Transport und chemische Umwandlung von Stoffen im Organismus sowie die Abgabe von Stoffwechselendprodukten an die Umgebung (Kot, Gase) zum Zweck des Aufbaus und der Erhaltung körperlicher Substanz sowie der Energiegewinnung für die Aufrechterhaltung von Körperfunktionen

metabolische Körpermasse	Einheit [kg $KM^{0,75}$], verschiedentlich auch $LM^{0,75}$ (LM = Lebendmasse) Der Bedarf für den Stoffwechsel steigt nicht proportional mit der Körpermasse, sondern etwa in der 3/4 Potenz zur Körperoberfläche. Dies wird bei der Berechnung von benötigten Mengen für Kaninchen durch die metabolische Körpermasse berücksichtigt.
Morphologie	Lehre von Gestalt und Bau der Organismen und ihrer Organe
Molar	Mahlzahn, Backenzahn
Mykotoxine	Pilzgifte
Normokklusion	normale, korrekte Zahnstellung
Ödem	Schwellung des Gewebes auf Grund einer Einlagerung von Flüssigkeit aus dem Gefäßsystem
Okklusion	bezeichnet jeglichen Kontakt zwischen den Zähnen des Ober- und des Unterkiefers
Öl	Sammelbegriff für Flüssigkeiten, die sich nicht mit Wasser vermischen lassen
Orbita	knöcherne Augenhöhle, eine tiefe Grube am Schädel (Cranium), in der das Auge und seine Hilfsorgane liegen
Ovar	Eierstock
Ovarialfollikel	kugeliges Eibläschen im Ovar (Eierstock) mit vier unterschiedlichen Entwicklungsstadien
Oxalsäure	auch Kleesäure; giftige, organische Säure
Paläozän (auch Paleozän)	unterste Serie des Paläogens (früher des Tertiärs) und liegt somit am Beginn des Känozoikums (Erdneuzeit). Diese Serie begann vor ca. 65,5 Millionen Jahren und endete vor etwa 55,8 Millionen Jahren. Es ist zwischen der Kreide, dem letzten System des Mesozoikums (Erdmittelalter) und dem Eozän eingeordnet.
Parasiten	hochspezialisierte Lebewesen, die auf Kosten eines Wirtes leben und im hohen Maße von ihm abhängig sind. Sie greifen lebende, organische Zellen an. Ektoparasiten leben auf einem, Endoparasiten in einem Organismus. Verwerter von totem, organischem Material werden ->Saprophyten genannt.
passieren	durchstreichen von Früchten durch ein Passiersieb
pathogen	krankheitserregend
perakut	Bezeichnung wird für sehr schnell und meist tödlich verlaufende Erkrankungen benutzt
Permeabilität	Durchlässigkeit

permeabilisierendes Toxin	ein Gift, das Blutgefäße durchlässig macht
Pentosane	gehören zu den -> Hemicellulosen
p. o.	Peroral, von lat. Per oris: über den Mund. Aufnahme von Arzneimitteln durch den Mund bzw. das Maul
Peristaltik, Darmperistaltik	Wellenförmig fortschreitendes, durch Kontraktion seiner Ringmuskulatur bewirktes Zusammenziehen des Darmes. Dies sorgt für ein Weiterschieben und die Durchmischung des Darminhaltes.
persistent	hartnäckig, beharrlich
Peyersche Haufen	Haufen von Lymphfollikeln (Lymphknötchen) im unteren Dünndarm (Peyer: Schweizer Anatom, gest. 1712)
Phagozytose	Aufnahme und Vernichtung von Krankheitserregern durch Fresszellen (Makrophagen) des Immunsystems wie z.B. Granulozyten (weiße Blutkörperchen)
Pheromone	chemische Substanzen, die der unterbewussten, biochemischen Kommunikation zwischen Lebewesen einer Spezies dienen
Phönizier	Semitisches Volk der Antike; lebte vorrangig im Bereich des heutigen Libanons und Syriens an der Mittelmeerküste in voneinander unabhängigen Stadtstaaten. Eine phönizische Kolonie, welche im heutigen Tunesien lag, war Karthago.
pH-Wert	Abk. für: "potentia hydrogenii", Konzentration des Wasserstoffs, Maßeinheit für die Konzentration von Wasserstoffionen in wässrigen Lösungen, die den Säure- oder Laugengehalt der Lösung festlegt pH < 7 = saure Lösung (Säure) pH = 7 = neutrale Lösung pH > 7 = basische Lösung (Lauge) Beispiele für pH-Werte des Menschen: Magensaft pH 0,9 - 2,3 Haut pH ca. 5,5 Blut pH ca. 7,3
Physiologie	befasst sich mit den physikalischen, biochemischen und informationsverarbeitenden Funktionen von Lebewesen
Pikas	Pfeifhasen
Pilze	Pilze werden als eigenes Reich neben den Pflanzen und Tieren betrachtet. Sie sind enger mit Tieren als mit Pflanzen verwandt.
Placentalia	siehe -> Eutheria

Platon	Platon, antiker griechischer Philosoph, lebte von 427 v. Chr. bis 347 v. Chr. in Athen
Plazenta	Gewebe in der Gebärmutter (Uterus), dass in die Schleimhaut des Uterus einwächst und der Versorgung des Embryos mit Nährstoffen und Sauerstoff dient. Eine Verbindung zwischen Embryo und Plazenta besteht über die Nabelschnur.
Plinius	Gaius Plinius Secundus Maior, kurz Plinius der Ältere genannt, römischer Gelehrter geb. etwa 23 in Novum Comum (Como), gest. 24. August 79 in Stabiae (Castellammare di Stabia) durch den Ausbruch des Vesuvs
Polymer	chemische Verbindung, die aus Ketten- oder verzweigten Molekülen (Makromolekül) besteht, die aus gleichen oder gleichartigen Einheiten (Monomeren) bestehen
Prämolar	Vormahlzahn
Psoroptes-Milbe	Saugmilbe
Pulpahöhle	lat. Pulpencavum, Hohlraum in Zahnkrone und Wurzel des Zahnes, die durch Pulpa des Zahnes (lateinisch: Fleisch, weiches Mark) gefüllt wird. Das Mark besteht aus Bindegewebe, Blutgefäßen, Nerven und Lymphgefäßen. Nervenbündel ziehen von der Pulpa aus zum Zahnbein (Dentin, liegt hinter dem Zahnschmelz). Die Nervenfasern der Pulpa geben jeden Reiz (mechanisch / thermisch / chemisch) als Schmerzempfindung wieder.
Raffinose	Dreifachzucker (Trisaccharid), bestehend aus Galactose, Glucose und Fructose
Refraktionsanomalie	Brechungsfehler des Auges, hervorgerufen durch fehlerhaften Bau, Veränderungen oder Schädigungen der Hornhaut, vordere Augenkammer oder Linse bei normaler Augenachse bzw. -länge
Reservoir (medizinisch)	Bereich, in dem sich Krankheitserreger sammeln, vermehren und von dem eine Infektion ausgehen kann. Asymptomatische Besiedelungen durch Viren können z.B. Nasenhöhlen sein. Die Viren siedeln dort, ohne eine Krankheit hervorzurufen.
resorbieren	Stoffe werden auf dem Weg durch den Verdauungstrakt in die Blut- oder Lymphbahn aufgenommen
rezent	(v. lat.: recens = jung, kürzlich) bedeutet in der Biologie „in heutiger Zeit lebend oder vor kurzem ausgestorben“. Als rezente Arten bezeichnet man all jene, die in der geologischen Gegenwart, dem Holozän (von vor rund 10.000 Jahren bis zur Jetztzeit) auftreten oder in dieser Zeit ausstarben. All jene Arten, die vorher oder während des Übergangs vom Pleistozän zum Holozän ausstarben, bezeichnet man als Fossil. Die Grenze von 10.000 Jahren ist dabei nur ein Richtwert, da das Aussterbeereignis während der Klimaveränderung an der Grenze vom Pleistozän zum Holozän mehrere tausend Jahre lang dauerte und geographisch nicht überall gleich schnell ablief.

Saccharose	Haushaltszucker, Kristallzucker = Zweifachzucker (Disaccharid), bestehend aus Glucose und Fructose
Saprobionten (veraltet Saprophyten)	Lebewesen, die ihre Nährstoffe aus verwesenden Pflanzen- oder Tiermaterial aufnehmen (verschiedene Pilzarten, Bakterien). Sie stellen Enzyme her, die totes, organisches Material zu verwertbaren Nährstoffen abbauen. Verwerter von lebenden Zellen werden dagegen ->Parasiten genannt.
Selektion	Auswahl nach bestimmten Merkmalen: 1. natürliche Selektion (nach Charles Darwin): größere Fortpflanzungserfolge der Individuen, die unter den herrschenden Bedingungen überlebensfähiger sind 2. sexuelle Selektion: Auswahl der Sexualpartner nach bestimmten Merkmalen, die von diesen bevorzugt und somit auch weitervererbt werden 3. künstliche Selektion: vom Menschen gesteuerte Auswahl, um von ihm gewünschte Merkmale weiter zu verstärken oder zu festigen
Septikämie	Infektion des Organismus durch Bakterien oder Toxine im Blut
Serotyp	unterscheidbare Variationen verschiedener Spezies von Bakterien oder Viren
Silage, Silierung	angetrocknetes Pflanzenmaterial (TS ≈ 25 % - 50 %) wird zerkleinert und eingelagert (Silos, in Folie gewickelte Ballen). Durch sofortigen Luftabschluss kommt es zu einem Verbrauch des Restsauerstoffs durch aerobe Bakterien und Pilze. Im Anschluss setzt die anaerobe Gärung ein (z. B. durch u.a. Milchsäurebakterien). Der pH-Wert des Materials sinkt auf etwa 4,0 - 4,5.
Simplicidentata	lateinisch für „Einfachzähner“: simplicis „einfach“ und dens „Zahn“
Sporen	in der Biologie: Entwicklungsstadium von ein- oder wenigzelligen Lebewesen. Diesen dienen die Sporen der ungeschlechtlichen Vermehrung, der Ausbreitung oder dem Überdauern. Sporen sind sehr widerstandsfähig und in dieser Form inaktiv, erst wenn die Umgebungsbedingungen gut sind, werden sie aktiv und vermehren sich.
Stauleber und -lunge	Blutstau in Leber und Lunge
Stoffwechsel	siehe -> Metabolismus
Strabo	Strabo (lateinisch) bzw. Strabon (altgriechisch); antiker Geschichtsschreiber und Geograph, der in Amaseia in Pontus (Kleinasien, heute Türkei) 64 oder 63 v. Chr. geboren wurde. Das 17-bändige Werk "Geographica" schrieb er in den Jahren 18 - 19 unserer Zeitrechnung. Er starb im Jahr 23.
Titer	letzte bzw. höchste Verdünnungsstufe einer Antigen- oder Antikörperprobe, die gerade noch eine erkennbare Reaktion liefert.
Tomatenpulpe	zerkleinerte Fruchtbestandteile, die nicht passiert werden
Toxin	Gift

Traubenzucker	siehe -> Glucose
Trester	entsteht bei der Saftherstellung und bezeichnet die Masse, die nach dem Auspressen des Saftes aus den Früchten übrigbleibt. Es gibt verschiedene Obsttrester, aber z.B. auch Möhrentrester
Turdetania	in der Antike Bezeichnung für das heutige Andalusien in Spanien
Tympanie	Aufblähung, Aufgasung
Vakzin	Impfstoff
Venen	Venen sind Blutgefäße, in denen das, im Körper zirkulierende Blut, zum Herzen zurückfließt (sauerstoffarm)
venös	auf Venen bezogen
Virus, Viren	lat. Gen. viri: Schleim; Saft; Gift. Zellparasiten ohne eigenen Stoffwechsel, kleinste Krankheitserreger, die nur auf lebendem Gewebe gedeihen
Zahnformel	auch Gebissformel, Übersicht über die Zähne eines Säugetiers. In der Regel wird nur eine Hälfte des Ober- und Unterkiefers dargestellt, da Gebisse immer spiegelsymmetrisch sind. Bei Tieren werden die Zahnformen (I=Incisivus [Schneidezahn], C=Caninus [Eckzahn], P=Prämolar [Vormahlzahn], M=Molar [Mahlzahn]) und innerhalb der Zahnformen die Anzahl mit entsprechenden Ziffern nebeneinander gestellt. In der Zoologie wird eine kürzere Art von Zahnformeln verwendet, um Gebisse verschiedener Arten zu vergleichen. Hier wird nur jeweils eine Kieferhälfte dargestellt, jedoch die Anzahl der Zähne jeder Zahnart in der Reihenfolge Schneidezähne - Eckzahn - Prämolaren - Molaren angegeben. Die Milchzähne werden mit kleinen Buchstaben angegeben. Beim Kaninchen werden die großen Schneidezähne im Milchgebiss mit großen Buchstaben angegeben, weil sie keine Milchzahnvorgänger haben.
Zoonose	Krankheiten, die zwischen Menschen und Tieren übertragbar sind
Zucht	gezielte Beeinflussung der Vermehrung -> domestizierter Pflanzen- und Tierarten. Das Zuchtziel (z.B. Fellfarbe) bestimmt dabei die Zuchtwahl (z.B. Tiere mit schwarzem Fell) durch -> Selektion.

33 Quellennachweis

Angermann 1968	Angermann, R.; in Grzimeks Tierleben, Enzyklopädie des Tierreichs; Zürich; Kindler; 3. Bd. XIII Säugetiere; Erstausgabe; 1968,
Berg 1990	Berg, R.; Lehrbuch der Veterinär-Anatomie; Band 2, Eingeweidelehre (Splanchnologie); Begründet von Koch, T.; 4., überarb. Aufl.; Jena, Stuttgart; Fischer, 1990; ISBN 3-334-00269-1
Berg 1993	Berg, R.; Lehrbuch der Veterinär-Anatomie; Band 3, Die großen Versorgungs- und Steuerungssysteme; Begründet von Koch, T.; 5., überarb. Aufl.; Jena, Stuttgart; Fischer; 1993; ISBN 3-334-60427-6
Boback 2004	Boback, Alfred W.; Das Wildkaninchen: (Oryctolagus cuniculus (Linné, 1758); 2., unveränd. Aufl.; Nachdr. der 1. Aufl., Wittenberg Lutherstadt, Ziemsen, 1970; Hohenwarsleben; Westarp-Wiss.-Verl.-Ges.; 2004; (Die neue Brehm-Bücherei; 415); ISBN 3-89432-791-X
Boberfeld 1994	Opitz von Boberfeld, W.; Grünlandlehre: biologische und ökologische Grundlagen; Stuttgart; Ulmer; 1994; (UTB für Wissenschaft: Uni-Taschenbücher: 1770); ISBN 3-8252-1770-1 (UTB); ISBN 3-8001-2664-8 (Ulmer); NE: UTB für Wissenschaft/ Uni-Taschenbücher
DGE 1999	Sind unsere Böden an Nährstoffen "verarmt"; Deutsche Gesellschaft für Ernährung DGE; DGE aktuell 26/99 vom 14.12.1999; Internetressource; Download am 30.07.2008; http://www.dge.de
Drescher 2008	Drescher, B.; Der Unsinn mit den „Snacks“ für Kaninchen und Meerschweinchen; Internetressource, Download am 06.08.2008; http://www.birgit-drescher.de/kaninchen02.html
Ebrecht & Müller 2004	Ebrecht, D.; Müller, E.; Zoonosen des Kaninchens; Tierärztl Prax 2004; 32 (K): 363-9; Schattauer GmbH
Encyclopedia of Biodiversity 1992	Encyclopedia of Biodiversity, Volume 3, Copyright 2001 by Academic Press / Mammalian phytogeny: shaking the tree; Michael J. Novacek; Nature 356, 121 - 125 (12 March 1992); doi:10.1038/356121a0
Ewringmann 2005	Ewringmann, A.; Leitsymptome beim Kaninchen: diagnostischer Leitfaden und Therapie; Stuttgart, Enke, 2005; 284 S; (Konkret-Kleintier-Praxisbuch); ISBN 3-8304-1020-4
Fekete 1993	Fekete, S.; Ernährung der Kaninchen; in: Ernährung monogastrischer Nutztiere, Kapitel 4; Wiesemüller, W. und Leibetseder, J. [Hrsg.], G. Fischer; Jena, Stuttgart; 1993; ISBN: 3-334-60428-4
Grün 1997	Grün, P.; Kaninchen halten; Stuttgart; Ulmer; 1997; ISBN 3-8001-7361-1
Haltenorth 1952	Haltenorth , Th.; Besteht die Borkum-Unterart des Wildkaninchens (Oryctolagus cuniculus borkumensis Harrison 1952) zu Recht?; Säugetierk. Mitt. 6, 3, 123-124; 1958

Hand et al. 2003 — Hand, M. S., Thatcher C. D., Remillard, R. L. [Hrsg]; Klinische Diätetik für Kleintiere; 2 Bde.; 4., erw. u. neubearb. Aufl.; Schlütersche Verlagsgesellschaft mbH & Co. KG, Hannover; 2003; ISBN 3-87706-893-6

Hein 2007 — Hein, J.; Krankheiten der Heimtiere für das 6. Semester SS 2007, Häufige Krankheiten des Gastrointestinaltraktes Teil 1; Medizinische Kleintierklinik LMU München; 2007; Download am 11.04.2008; http://www.med.vetmed.uni-muenchen.de/studium/unterlagen/heimtiere/heimtiere.pdf

Holland 1601 — Holland, P. (translator 1601); C. Plinius Secundus, The Historie of the World; Book VIII; Pages 192-234; Internetressource; http://penelope.uchicago.edu/; Download am 09.06.2008

Hollmann 2001 — Hollmann, P., Hollmann, B.; Blasenschlamm als Ursache von Harnabsatzbeschwerden bei einem Zwergkaninchen; Tierärztl Prax; 2001; 29 (K): 384-5; 393-8

Hoop et al. 2008 — Hoop, R.K., Ehrsam, H., Keller, B.; 10 Jahre Kaninchensektionen - Eine Übersicht häufiger Krankheits- und Abgangsursachen; Institut für Veterinärbakteriologie, Universität Zürich; Internetressource; Download am 17.09.2008; http://www.nrgk.ch/PDF/Publikationen/Kaninchenkrankheiten.pdf

Hutchins et al. 2003 — Hutchins, M.; Kleiman, Devra G.; Geist, V.; McDade; Melissa C.; Grzimek's Animal Life Encyclopedia, 2nd edition; Volumes 12-16; Mammals I-V; Farmington Hills, MI; Gale Group; 2003 / e-book; ISBN 0-7876-7750-7 (17-vol set)

Jones 1917 — English translation of Strabo's Geography; based on the translation by H. L. Jones which accompanied his 1917-32 edition of the Geography; Book III Chapter 2, 6, P35; Internetressource; http://penelope.uchicago.edu; Download am 09.06.2008

Kaetzke et al. 2003 — Kaetzke, P.; J. Niethammer, J.; Masseti, M. (Paläontologie); Oryctolagus cuniculus (Linne, 1758) - Europäisches Wildkaninchen, E: European rabbit, Old world rabbit; F: Lapin de garem) in: Krapp, Franz, Hasentiere - Lagomorpha; hrsg. von Krapp, F.; 1. Aufl.; Wiesbaden; Akad. Verl.-Ges., 2003; ISBN 3-89104-509-3

Kamphues 2004a — Kamphues, J.; Häufige Fütterungsfehler und Hinweise zur Diätetik (Kaninchen und Meerschweinchen); Kleine Heimtiere: Diagnostik und Therapie von Erkrankungen des Verdauungsapparates - Aktueller Wissensstand – am 9. Juli 2004 in Hannover; Fortbildungskurs der AG Gastroenterologie der Deutschen Veterinärmedizinischen Gesellschaft e.V. und der ATF im Hannoverschen Congress Centrum, Theodor-Heuss-Platz 1-3, 30175 Hannover

Kamphues et al. 2004b — Kamphues, J.; Coenen, M.; Kienzle, E.; Pallauf, J.; Simon, O.; Zentek, J. unter Mitarbeit von: Iben, C.; Kölle, P.; Männer, K.; Vervuert, I.; Wolf, P.; Supplemente zu Vorlesungen und Übungen in der Tierernährung; begründet von Meyer, H.; Verlag M. & H. Schaper; Alfeld-Hannover; 10., vollst. überarb. u. erg. Aufl.; 2004; ISBN 3-7944-0205-7

Kleine Klausing 2008 — Kleine Klausing, H.; Die Milch der Häsin - Gesundheitselixier für Jungtiere; Sonderdruck aus Heft 1/03; Deutscher Kleintierzüchter; Internetressource; Download am 27.07.2008; http://www.deuka.de/pressespiegel/sd_dkz_haesin.pdf

Knillmann 1997	Knillmann, H..-J.; Spürhaare oder Tastorgane?, in Deutscher Kleintier-Züchter, Verbandsorgan für den Rassekaninchenzüchter; Oertel + Spörer GmbH & Co.; Reutlingen: Nr. 10/1997, S. 16
Kunz & Frey 2007	Kunz, P. und Frey, H.; Präzise Planung der Milchviehfütterung dank Erweiterung der Futteranalysen; Union Info; Nr. 22; Sommer 2007; Herausgeber: Union Futter Fabrikanten; Internetressource; Download am 01.08.2008; www.felixjordiag.ch
Lackenbauer 2001	Lackenbauer, W.; Kaninchenfütterung: tiergerecht - naturnah - wirtschaftlich; 3., überarb. Aufl. Reutlingen; Verl.-Haus Reutlingen Oertl und Spörer; 2001; ISBN 3-88627-704-6
Lebas 1997	Lebas, F. et al.; The Rabbit - Husbandry, Health and Production; FAO Animal Production and Health Series No. 21; Originated by Agriculture and Consumer Protection of Food and Agriculture Organization of the United Nations (FAO); 1997; Internet source; Downloaded: 20th December 2007; ISSN 1010-9021
Leicht 1979	Leicht, Walter H.: Tiere der offenen Kulturlandschaft, Heidelberg, Quelle und Meyer; Teil 1, Feldhase, Wildkaninchen; 1979; Ethologie einheimischer Säugetiere, 1; ISBN 3-494-00937-6
Matthes 1981	Matthes, S.; Untersuchungen über die bakterielle Darmflora von Kaninchen; Kleintierpraxis 26, 383 - 386 (1981); Verlag M. & H. Schaper; Hannover
Ministerium für Umwelt 2008	Lebensmittel des Monats September: "Der Apfel - knackig, saftig und gesund!"; Informationen des Ministeriums für Umwelt, Forsten und Verbraucherschutz Rheinland-Pfalz und der Verbraucherzentrale Rheinland-Pfalz e.V.; Internetressource; Download am 13.07.2008; http://www.mufv.rlp.de/themen/verbraucherschutz/lebensmittel/lebensmittel_des_monats/aepfel.html
Muskator 2004	Muskator (Ovator); Ratgeber Kaninchen; Bedeutung der Vitamine; 27.08.2004; Internetressource; Download am 31.05.2008; http://www.muskator.de/mo/de/daten/li_2_um_11/rg_bedeutungvitamine.htm
Nachtsheim 1977	Nachtsheim, H.; Stengel, H.; Vom Wildtier zum Haustier; 3., neubearb. Aufl.; Berlin, Hamburg; Parey; 1977; ISBN 3-489-60636-1
Nichelmann et al. 1974	Nichelmann, M.; Rott, M.; Rohling, R.; Beziehungen zwischen Energieumsatz und Umgebungstemperatur beim Kaninchen; in: Monatshefte für Veterinärmedizin; Wissenschaftliche Gesellschaft für Veterinärmedizin; Jena, Stuttgart; 1974; 7, S. 257 - 261
Nichelmann & Lyhs 1976	Nichelmann, M.; Lyhs, L.; Zur Bestimmung der biologisch optimalen Temperatur; in: Monatshefte für Veterinärmedizin; Wissenschaftliche Gesellschaft für Veterinärmedizin; Jena, Stuttgart; 1976; 31, S. 546 - 554
Nussbaum 2008	Nussbaum, H.; Herbstaufwüchse optimal silieren; Bildungs- und Wissenszentrum Aulendorf, Viehhaltung, Grünlandwirtschaft, Wild, Fischerei; Staatliche Lehr- und Versuchsanstalt für Viehhaltung und Grünlandwirtschaft LVVG; Internetressource; Download am 18.07.2008; http://www.landwirtschaft-mlr.baden-wuerttemberg.de/servlet/PB/show/1195768_l1/LVVG6_Herbstaufw%C3%BCchse%20optimal%20silieren.pdf

Ovator | Ovator Sackaufkleber 01/2008-0170, Alleinfuttermittel für Rassekaninchen, Solikanin Basis

Rossi 2007 | Rossi, G.; Häufige und dauerhafte Erkrankungsquellen: Persistente Erreger in Kaninchenbeständen; Kaninchenzeitung 17/2007; HK Hobby- und Kleintierzüchter Verlagsgesellschaft mbH & Co. KG; ISSN 1613-6357

Rossi 2008 | Rossi, G.; Kaninchen - Diagnostik und Ursachenforschung; Enterocolitis: Erste Erfahrungen aus Deutschland; Ein Beitrag von Dr. Gertrud Rossi; Internetressource; Download am 12.08.2008; http://www.kaninchenzucht.de/en_rossi.htm

Rudolph 1997 | Rudolph, W.; Ist die Zucht von Zwergkaninchen tierschutzgerecht?; Deutscher Kleintier-Züchter 7/1997, Seite 6-7; Oertel + Spörer GmbH & Co.; Reutlingen

Schaal et al. 2003 | Schaal, B.; Coureaud, G.; Langlois, D.; Giniès, C.; Sémon, E.; Perrier, G.; Chemical and behavioural characterization of the rabbit mammary pheromone; Letters to Nature; Nature 424, 68-72 (3 July 2003); doi:10.1038/nature01739; Received 18 November 2002; Accepted 31 March 2003; ISSN: 0028-0836; EISSN: 1476-4687, Internetressource; Download am 09.06.2008; http://www.nature.com

Schall 2007 | Schall, H.; Kaninchen; in: Krankheiten der Heimtiere; Hrsg. Gabrisch, K.; Zwart,P.; 7., überarb. Aufl. 2007; Verlag Schlütersche; ISBN: 389993038X

Schley 1985 | Schley, P.; Kaninchen; Stuttgart, Ulmer 1985; (Tierzuchtbücherei: Geflügel und Kleintiere) ISBN 3-8001-4349-6

Schlolaut 1997 | Schlolaut, W.; Der Irrtum vom genügsamen Kaninchen; Deutscher Kleintier-Züchter; Nr.4/1997, S.20 - 21

Schlolaut 2003 | Schlolaut, W. (Hrsg) in Zusammenarbeit mit Lange, K.; Das große Buch vom Kaninchen; 3., erw. Aufl.; Frankfurt am Main; DLG-Verl., 2003; 488 S.; ISBN 3-7690-0592-9

Selzer 2000 | Selzer, D.; Vergleichende Untersuchungen zum Verhalten von Wild- und Hauskaninchen unter verschiedenen Haltungsbedingungen; Inaugural-Dissertation; Justus-Liebig-Universität Gießen; 2000

Shuckburgh 1889 | Shuckburgh, Evelyn S.; translator; Histories, Polybius; London, New York; Macmillan; 1889, Reprint Bloomington 1962; Internetressource; Download am 09.06.2008; http://www.perseus.tufts.edu/cgi-bin/ptext?doc=Perseus%3Atext%3A1999.01.0234;query=chapter%3D%23717;layout=;loc=12.2

Souci 2000 | Souci, S. W.; Food composition and nutrition tables = Die Zusammensetzung der Lebensmittel, Nährwert-Tabellen / on behalf of the Bundesministerium für Ernährung, Landwirtschaft und Forsten, Bonn, ed. by Deutsche Forschungsanstalt für Lebensmittelchemie, Garching b. München. [Founded by S. W. Souci ...]. - 6th rev. and completed ed. / comp. by Heimo Scherz und Friedrich Senser. - Stuttgart: Medpharm Scientific Publ.; Soca Raton; New York; Washington D.C.; London: CRe Press; 2000; ISBN 3-88763-076-9

Südzucker 2008 | Südzucker Würfel Zucker; 1000g-Packung; Südzucker AG; 68028 Mannheim; 2008

Ternes et al. 2005	Ternes, W.; Täufel, A.; Tunger, L.; Lebensmittel-Lexikon; 2 Bände; Geb. Ausgabe; 2134 Seiten; Verlag Behr; 4. vollst. überarb. Auflage; Juni 2005; ISBN-10: 3-89947-165-2
TSchG 2007	Tierschutzgesetz in der Fassung der Bekanntmachung vom 18. Mai 2006 (BGBl. I S. 1206, 1313), zuletzt geändert durch g vom 18. Dezember 2007 (BGBl. I S. 3001; 2008, 47); Internetressource; Download am 09.06.2008; http://bundesrecht.juris.de
Turček 1959	Turček, F. & Stiavnica, B.; Beitrag zur Kenntnis der Fraßpflanzen des Wildkaninchens, Oryctolagus cuniculus (Linne, 1758), in freier Wildbahn; Säugetierkundliche Mitteilungen; 1959; Heft 7; Seite 151 - 153; ISSN 0036-234
TVT 2007	TVT (Tierärztliche Vereinigung für Tierschutz e.V.), Kaninchenhaltung, Merkblatt Nr. 78, Stand: Dezember 2007, TVT- Bramscher Allee 5, 49565 Bramsche
Universität Hohenheim 2008	Lebensmittelanalyse der Universität Hohenheim, Internetressource; Download am 13.07.2008, https://www.uni-hohenheim.de
Varro 1934	Marcus Terentius Varro; De Re Rustica; Book III; 12; P491 - P493; published in the Loeb Classical Library; 1934; Internetressource; http://penelope.uchicago.edu; Download am 09.06.2008
von zur Gathen 2008	Deklaration Natur-Struktur-Müsli; Nösenberger Kaninchen & Co.; D. von zur Gathen; Kuhlhof 8; 21272 Egestorf; www.kaninchenundco.de; Zugriff am 03.04.2008
WHO 2008	Vitamin D; Vitamin A; World Health Organization, Internetressource; Download am 30.05.2008; http://www.who.int/en/
Wiesner et al. 2000	Wiesner, E.; Ribbeck, R. (Hrsg); Lexikon der Veterinärmedizin; 4., neubearb. Aufl. 1630 S.; 2000; Enke im Hippokrates Verlag GmbH; Stuttgart; ISBN 3-7773-1459-5; ISBN 978-3-7773-1459-4; KNV-Titelnr.: 01566892
Winkelmann 2006	Winkelmann, J.; Kaninchenkrankheiten; 17 Tabellen; Hrsg. Hellmut Woernle; 2., völlig überarb. Aufl.; Stuttgart (Hohenheim); Ulmer; 2006; (Patient Tier); ISBN 3-8001-7343-3
Wolf & Kamphues1996	Wolf P., Kamphues J; Untersuchungen zu Fütterungseinflüssen auf die Entwicklung der Incisivi bei Kaninchen, Chinchilla und Ratte; Kleintierpraxis, 41. Jahrgang, S. 723 - 732 (1996)
Wolf et al. 1997	Wolf, P., Wenger A., Kamphues, J.; Probleme der Rohfaserversorgung von Zwergkaninchen, Meerschweinchen und Chinchilla als Heimtiere; Tag.-Bericht 10. Arb.Tag, 1997; Dt. Vet. med. Ges., Celle, 154-165
WRSA & DLG 2007	Leitlinien der deutschen Gruppe der World Rabbit Science Association (WRSA) und des DLG-Ausschusses für Kaninchenzucht und -haltung zu Mindeststandards bei der Haltung von Hauskaninchen vom 10.5.2007; Internetressource; Download am 31.07.2008; http://www.dlg.org/de
Zillig 1934	Zillig, H.; Das Wildkaninchen als Rebschädling an der Mosel und in den übrigen deutschen Weinbaugebieten; Journal of Pest Science; Springer Berlin / Heidelberg; Volume 10, Number 7 / Juli 1934; DOI 10.1007/BF02340436

34 Literaturempfehlungen

Allgöwer 2005	Allgöwer, R.; in: Die Säugetiere Baden-Württembergs; Bd. 2. Insektenfresser (Insectivora), Hasentiere (Lagomorpha), Nagetiere (Rodentia), Raubtiere (Carnivora), Paarhufer (Artiodactyla); bearb. und hrsg. von Monika Braun und Fritz Dieterl; 2005; Stuttgart (Hohenheim); Ulmer, ISBN 3-8001-4246-5
Angermann 1979	Angermann, R.; Die Hasentiere; in Grzimeks Tierleben; Bd. 12; dtv; München 1972
Beck 2004	Beck, W.; Häufige Endo- und Ektoparasiten bei kleinen Heimsäugern - Klinik, Diagnostik und Therapie, Literaturübersicht und eigene Erfahrungen; Tierärztl Prax 2004; 32 (K):311-21; Schattauer GmbH
Berg 1992	Berg, R.; Lehrbuch der Veterinär-Anatomie; Band 1, Bewegungsapparat; Begründet von Koch, T.; 5., überarb. Aufl.; Jena, Stuttgart; Fischer; 1992; ISBN 3-334-60373-3
Besselmann 2004	Besselmann, D.; Hatt, J. M.; Diabetes mellitus bei Kaninchen und Nagern; Tierärztl Prax 2004; 32 (K):370-6; Schattauer GmbH
Böhmer 1999	Böhmer, E.; Magenbezoar bei einem Kaninchen; Tierärztl Prax 1999; 27 (K):5; 59-64; F.K. Schattauer Verlagsgesellschaft mbH, Stuttgart - New York
Böhmer 2003	Böhmer, E.; Extraktion von Schneidezähnen bei Kaninchen und Nagern - Indikationen und Technik; Tierärztl Prax 2003; 31 (K):309-20; Schattauer GmbH
Braun 2005	Braun, M.; Die Säugetiere Baden-Württembergs 2., Grundlagenwerke; Ulmer Eugen Verlag; Febr. 2005; ISBN-10:3-8001-4246-5
Brockhaus 2006	Brockhaus in drei Bänden, Programmversion 4.1 [zur 4. Aufl. der Buchausg.], DVD-ROM, © 2006 F.A. Brockhaus GmbH, Leipzig, ISBN 978-3-7653-1500-8
Carabano 1988	Carabano; R.; de Blas, J. C.; Fraga, M. J.; Effect of diet on composition of cecal contents and on excretion and composition of soft and hard feces of rabbits; Journal of Animal Science; 1988. 66:901-910; Downloaded from jas.fass.org by on June 28, 2008
Carabano 1991	Carabano; R.; de Blas, J. C.; Fraga, M. J.; Perez de Ayala, P.; Effect of type of fiber on the rate of passage and on the contribution of soft feces to nutrient intake of finishing rabbits; Journal of Animal Science 1991. 69:1566-1574; Downloaded from jas.fass.org by on June 28, 2008
Carabano 1999	Carabano; R.; de Blas, J. C.; Garcia, J.; Effect of fiber source on cell wall digestibility and rate of passage in rabbits; Journal of Animal Science 1999. 77:898-905; Downloaded from jas.fass.org by on June 28, 2008
Carabano 2000	Carabano; R.; de Blas, J. C.; Garcia, J.; Perez-Alba, L.; Effect of fiber source on cecal fermentation and nitrogen recycled through cecotrophy in rabbits; Journal of Animal Science 2000. 78:638-646.; Downloaded from jas.fass.org by on June 28, 2008
Carabano 2002	Carabano; R.; de Blas, J. C.; Espinosa, A.; Garcia, J.; Gutierrez, I.; Effect of levels of starch, fiber, and lactose on digestion and growth performance of early-weaned rabbits; Journal of Animal Science 2002. 80:1029-1037

Cheeke 1974	Cheeke, P. R.; Feed preferences of adult male dutch rabbits, Laboratory Animal Science Vol 24, No 4, 1974; American Association for Laboratory Animal Science
Cheeke 1977	Cheeke, P. R.; Frei, D. L.; Holtan, D. W.; Schurg, W. A.; Utilization of whole corn plant pellets by horses and rabbits; Journal of Animal Science; Vol. 45, No. 6 (1977); Downloaded from jas.fass.org by on June 28, 2008
Cheeke 1983	Cheeke, P. R.; Hohenboken, W. D.; Lukefahr, S.; Patton, N. M.; Breed, heterotic and diet effects on postweaning litter growth and mortality in Rabbits; Journal of Animal Science; Vol. 57, No. 5, 1983; Downloaded from jas.fass.org by on June 28, 2008
Cheeke 1984	Cheeke, P. R.; Harris, D. J.; Holmes, Z. A.; Patton, N. M.; Wei, S. F.; Proximate Composition and Sensory Characteristics of Meat from Rabbits Fed Three Levels of Alfalfa Meal; American Society of Animal Science 1984.58:62-67; Downloaded from jas.fass.org by on June 28, 2008
Cheeke 1985	Cheeke, P. R.; Patton, N. M.; Sanchez, W. K.; Effect of dietary crude protein level on the reproductive performance and growth of New Zealand White Rabbits; Journal of Animal Science, Vol, 60, No. 4, 1985; Downloaded from jas.fass.org by on June 28, 2008
Cheeke 1986	Cheeke, P. R.; Patton, N. M.; Raharjo, Y. C.; Growth and reproductive performance of rabbits on a moderately low crude protein diet with or without methionine or urea supplementation; Journal of Animal Science 1986. 63:795--803; Downloaded from jas.fass.org by on June 28, 2008
Cheeke 1987	Cheeke, P. R.; Rabbit Feeding and Nutrition (Animal feeding and nutrition series); Academic Press, Inc.; Orlando, Florida; 1987; ISBN 0-12-170605-2
Clauss & Clauss 2005	Clauss, W.; Clauss, C.; Zoologie für Tiermediziner; Enke; 2005; ISBN 3-8304-1037-9; ISBN 978-3-8304-1037-9; KNV-Titelnr.: 12950860
de Blas 1977	de Blas, J. C.; Fraga, M. J.; Gálvez, J. F.; Pérez, E.; Torres, A.; Influence of weight and age on the body composition of young doe rabbits; Journal of Animal Science, Vol. 45, No. 1, 1977; Downloaded from jas.fass.org by on June 28, 2008
de Blas 1983	de Blas, J. C.; Fraga, M. J.; Gálvez, J. F.; Pérez, E.; Rodriguez, J. M.; Effect of diet on chemical composition of rabbits slaughtered at fixed body weights; Journal of Animal Science; Vol. 56, No. 5, 1983; Downloaded from jas.fass.org by on June 28, 2008
de Blas 1986	de Blas, J. C.; Fraga, M. J.; Méndez, J.; The effects of diet and remating interval after parturition on the reproductive performance of the commercial doe rabbits; Journal of Animal Science 1986.62:1624-1634; Downloaded from jas.fass.org by on June 28, 2008
de Blas 1995	de Blas, J. C.; Mateos, G. G.; Mendez, J.; Nicodemus, N.; Taboada, E.; Effect of substitution of starch for fiber and fat in isoenergetic diets on nutrient digestibility and reproductive performance of rabbits; Journal of Animal Science 1995. 73:1131-1137; Downloaded from jas.fass.org by on June 28, 2008
Die Grüne 2007	Grünfutterrationen heuer richtig ergänzen; Die Grüne; Nr. 12/2007; Internetressource; Download am 07.08.2008; http://www.bauernzeitung.ch/file/07_05_dg_1406_Gruenfutter.pdf

DLG 1995	Fütterungshinweise Kaninchen mit Mischfutter nach DLG-Standard, Merkblatt 147; Deutsche Landwirtschafts-Gesellschaft. - Frankfurt a. Main, 1995
DMH 2008	DMH Deutsche Melasse Handelsgesellschaft mbH; Internetressource; Download am 07.06.2008; http://www.deutsche-melasse.de
Drepper 1980	Drepper, K.; Ernährung des Kaninchens; Übers. Tierernährung 8 (1980), 185-206; Inst. für Tierernährung und Futtermittelkunde d. Christian-Albrechts-Universität zu Kiel
Drescher 2008	Drescher, B.; Kaninchen in der Kleintierpraxis; Internetressource; VetMedLabor; Download am 28.08.2008; http://www.vetmedlabor.de/pdf_dateien/vortragszusammenfassung_62_157_84_98 1032792581.pdf
Emmerich 2004	Emmerich, I. U.; Ungemach, F. R.; Zugelassene Arzneimittel für Heimtiere; Tierärztl Prax 2004; 32(K): 329-40, Schattauer GmbH
Ewringmann & Göbel 2005	Ewringmann, A.; Göbel, T.; Unter Mitarb. von Patrick Bolz; Heimtierkrankheiten: Kleinsäuger - Amphibien - Reptilien; Stuttgart (Hohenheim); Ulmer; 2005; ISBN 3-8252-8267-8 (UTB); ISBN 3-8001-2762-8 (Ulmer)
Fekete 1998	Fekete, S.; Neuere Erkenntnisse zur Verdauungsphysiologie des Kaninchens; nach einem Vortrag, gehalten anlässlich des 4. Weltkongresses in Budapest, 12. Okt. 1988; Übers. Tierernährg. 19 (1991) 1 - 22
FuttMV 2008	FuttMV; Futtermittelverordnung in der Fassung der Bekanntmachung vom 24. Mai 2007 (BGBl. I S. 770), zuletzt geändert durch die Verordnung vom 28. Februar 2008 (BGBl. I S. 274)
GGE 2008	Kriterienkatalog Kaninchenhaltung; Gütegemeinschaft Ernährung GGE - Qualitätsgemeinschaft Kaninchen; Internetressource; Download am 31.07.2008; http://www.gge-cert.de/de/wo/qk/Lf/LeitfadenKaninchenhaltungVersion2.017062 008.pdf
Grzimek 2005	Grzimek's student animal life resource. Mammals; McDade, Melissa C.; project editor, 2005, Thomson Gale, a part of The Thomson Corporation, Canada, ISBN 0-7876-9183-6
Heberer 1972	Heberer, G. [Hrsg]; Entwicklungsgeschichte der Lebewesen; Zürich; Kindler; (Grzimek, B.; Grzimeks Tierleben; Erg.-Bd. 1)
Hein 2003	Hein, J.; Hartmann, K.; Labordiagnostische Referenzbereiche bei Kaninchen; Tierärztl Prax 2003; 31 (K):321-8; Schattauer GmbH
Heiss 2004	Heiss, R. [Hrsg.]; Lebensmitteltechnologie - Biotechnologische, chemische, mechanische und thermische Verfahren der Lebensmittelverarbeitung; 6., völlig überarbeitete Auflage; Springer-Verlag Berlin, Heidelberg, New York; 2004; ISBN 3-540-00476-9
Henke 2003	Henke, J.; Faltermeier, C.; Erhardt, W.; Anästhesie, Analgesie und Euthanasie bei kleinen Heimtieren; Tierärztl Prax 2003; 31(K): 394-7, Schattauer GmbH
Hörnicke 1978	Hörnicke, H.; Futteraufnahme beim Kaninchen: Ablauf und Regulation; Übersichten zur Tierernährung, 1978; 6: 91-148

Hörnicke 1984	Hörnicke, H.; Neuere Ergebnisse zur Physiologie des Dickdarms beim Kaninchen I. Morphologie, Passagezeiten, Mikrobiologie, Wasser und Elektrolyte; Übers. Tierernährung 12 (1984) 215 - 250
Hollmann 1992	Hollmann, P.; Verdauungsstörungen bei Kaninchen und Meerschweinchen; Tierärztl Prax 1992; 20:557-71; F.K. Schattauer Verlagsgesellschaft mbH, Stuttgart - New York
Kirchgeßner 1992	Kirchgeßner, M.; Tierernährung: Leitfaden für Studium, Beratung und Praxis; 8., neubearbeitete Auflage; Frankfurt/Main; DLG-Verlag; 1992; ISBN 3-7690-0499-X
Klapp 1990	Klapp, E.; Taschenbuch der Gräser: Erkennung und Bestimmung, Standort und Vergesellschaftung, Bewertung und Verwendung; Ernst Klapp; Wilhelm Opitz von Boberfeld. - 12., überarb. Aufl. Berlin; Hamburg: Parey, 1990 ISBN 3-489-72710-X
Kraft 1977	Kraft, R.; Beobachtungen zur Tagesperiodik von Wild- und Hauskaninchen; 1977; Aus dem Institut für Zoologie (Lehrstuhl I) der Universität Erlangen-Nürnberg; Z. Säugetierkunde 43 (1978); 155 - 166, Verlag Paul Parey, Hamburg und Berlin; ISSN 0044-3468/ASTM-Coden ZSAEA 7
Kraft 2005	Kraft, W.; Heimtiere als Patienten in der tierärztlichen Praxis - Entwicklung seit 1967; Tierärztl. Praxis 2005; 33 (K): 221-6; Schattauer GmbH; ISSN 1434-1239
Kurzhals 2003	Kurzhals, H.-A. (Hrsg.); Lexikon Lebensmitteltechnik, Bd. 1. A - K; 1. Aufl.; Verlag Behr, Hamburg; 2003; ISBN 3-86022-973-7
LFGB 2008	LFGB; Lebensmittel- und Futtermittelgesetzbuch in der Fassung der Bekanntmachung vom 26. April 2006 (BGBl. I S. 945), zuletzt geändert durch Artikel 12 des Gesetzes vom 26. Februar 2008 (BGBl. I S. 215)
Mangold & Fangauf 1950	Mangold, E.; Fangauf, R.; Handbuch der Kaninchenfütterung; Neumann Verlag GmbH; Radebeul; 1950
Manning et al. 1994	Manning, P. J.; Ringler, D. H.; Newcomer, C. E.; The biology of the laboratory rabbit; 2nd ed.; Academic Press Inc.; 1994; ISBN 0-12-469235-4
Matthes 1981	Matthes, S.; Untersuchungen über die bakterielle Darmflora von Kaninchen; Kleintierpraxis 26, 383 - 386 (1981); Verlag M. & H. Schaper; Hannover
Nichelmann 1984	Nichelmann, M.; Biologie des Kaninchens (13), Warum Kaninchen bei Hitze hecheln; GuK 14/84, Seiten 8/9
Normenkommission für Einzelfuttermittel 2007	Normenkommission für Einzelfuttermittel im Zentralausschuss der Deutschen Landwirtschaft; Positivliste für Einzelfuttermittel (Futtermittel-Ausgangserzeugnisse); 6. Auflage; Berlin, Sept. 2007; Hrsg. Zentralausschuss der Deutschen Landwirtschaft, Normenkommission für Einzelfuttermittel
Petzsch 1972	Petzsch, H.; Urania Tierreich Säugetiere; Halle (Saale); 3. Auflage 1972; Copyright 1966 by Urania-Verlag Leipzig/Jena/Berlin; Verlag für populärwissenschaftliche Literatur;
Raiffeisen 2008	Raiffeisen; Internetressource; Download am 15.06.2008; http://www.raiffeisen.com/

Reber 2003	Reber, U.; Kaninchenhaltung; 4., überarbeitete und aktualisierte Auflage; Oertel + Spörer VerlagsGmbH; 2003; ISBN 3-88627-714-3
Reuter 2007	Reuter, P.; Springer Klinisches Wörterbuch mit 2450 Abbildungen und Tabellen; die ganze Welt der Medizin ; 1. Aufl.; Heidelberg; Springer, 2007; 2045 S.; ISBN 3-540-34601-5; ISBN 978-3-540-34601-2
Rudolph & Kalinowski 1982	Rudolph, W.; Kalinowski, T.; Das Hauskaninchen; Die Neue Brehm-Bücherei 555; A. Ziemsen Verlag; Wittenberg Lutherstadt; 1982
Schlolaut 1997	Schlolaut, W.; Der Irrtum vom genügsamen Kaninchen, Deutscher Kleintier-Züchter 4/1997, Seite 20-21; Oertel + Spörer GmbH & Co.; Reutlingen
Tacke 2008	Tacke, S.; Euthanasie in der Veterinärmedizin; Landestierärztekammer Hessen, Internetressource; Download am 28.08.2008; http://www.ltk-hessen.de/pdf/Euthanasie.pdf
Thenius 1960	Thenius, E.; Hofer, H.; Stammesgeschichte der Säugetiere, Eine Übersicht über Tatsachen und Probleme der Evolution der Säugetiere; Springer-Verlag; Berlin - Göttingen - Heidelberg; 1960
Thenius 1969	Kükenthal, W.[gegr.]; Krumbach, T. [fortgef.]; Handbuch der Zoologie, Eine Naturgeschichte der Stämme des Tierreiches; 8.Band / 47. Lieferung: E. Thenius Stammesgeschichte der Säugetiere (einschließlich der Hominiden) 2(1) 1-368; 1969
Thenius 1979	Thenius, E.; Die Evolution der Säugetiere: e. Übersicht über Ergebnisse und Probleme; Stuttgart, New York; Fischer; 1979 (Uni-Taschenbücher; 865); ISBN 3-437-20202-2
Tscheuschner 2008	Tscheuschner, Horst-Dieter; Grundzüge der Lebensmitteltechnik; 3., neubearb. Aufl. Nachdr. 2008; Verlag: BEHR; ISBN: 3-89947-085-0, ISBN13 978-3-89947-085-7
Wagner 1998a	Wagner, F.; Heider, H.-J.; Görig, C.; Fehr, M.; Augenkrankheiten beim Zwergkaninchen Teil 1: Anatomie, Untersuchungsgang, Erkrankungen der Augenlider, der Konjunktiva und des Tränennasengangs; Tierärztl Prax 1998; 26 (K):205-10; F.K. Schattauer Verlagsgesellschaft mbH, Stuttgart - New York
Wagner 1998b	Wagner, F.; Heider, H.-J.; Görig, C.; Fehr, M.; Augenkrankheiten beim Zwergkaninchen Teil 2: Erkrankungen der Kornea, intraokuläre und retrobulbäre Erkrankungen sowie Neoplasien; Tierärztl Prax 1998; 26 (K):345-50; F.K. Schattauer Verlagsgesellschaft mbH, Stuttgart - New York
Weber et al. 1974	Weber, A.; Christ-Vietor, M.; Schliesser, Th.; Untersuchungen zur bakteriellen Darmflora von Jungkaninchen in Abhängigkeit von Alter und Ernährung; Zentralblatt für Bakteriologie, Parasitenkunde, Infektionskrankheiten und Hygiene; 1. Abt. Orig. Reihe A; Band 229, 109-116 (1974); Gustav Fischer Verlag Stuttgart
Wolf & Kamphues 1995	Wolf, P.; Kamphues, J.; Probleme der art- und bedarfsgerechten Ernährung kleiner Nager als Heimtiere; Der praktische Tierarzt 12/1995; 1088-1092
Zinke 2004	Zinke, J.; Ganzheitliche Behandlung von Kaninchen und Meerschweinchen: Anatomie, Pathologie, Praxiserfahrungen; Stuttgart; Sonntag, 2004; ISBN 3-8304-9090-9